Die Glaubensgemeinschaft der Ökonomen

Hans Christoph Binswanger

Die Glaubensgemeinschaft der Ökonomen

Essays zur Kultur der Wirtschaft

Gerling Akademie Verlag

Die Deutsche Bibliothek – CIP Einheitsaufnahme

Binswanger, Hans Christoph:
Die Glaubensgemeinschaft der Ökonomen ;
Essays zur Kultur der Wirtschaft / Hans Christoph Binswanger. – München :
Gerling-Akad.-Verl., 1998
ISBN 3-932425-06-5

Umschlaggestaltung: Claus Seitz, München
Titelabbildung: Schweizer 50 Fr.-Note mit dem Holzfäller,
entworfen von Ferdinand Hodler, gültig von 1911 – 1978
Satz: Fotosatz Reinhard Amann, Aichstetten
Druck und Bindung: Clausen & Bosse, Leck
ISBN 3-932425-06-5

www.gerling-academy-press.com

Inhalt

Vorwort

Die Wirtschaft im Blickfeld von Mythos, Philosophie, Literatur und Ethnographie – das ist das Thema der in diesem Band versammelten Essays.

Eine Betrachtungsweise aus diesen Perspektiven ist ungewohnt, denn die Wirtschaft scheint ein in sich abgeschlossenes System zu sein, das eigenen Gesetzen gehorcht und nur aus sich heraus erklärt werden kann. In Wirklichkeit ist aber die Wirtschaft ein Teil – ein immer bedeutenderer Teil – unserer gesamten Kultur- und Lebenswelt. Weder die Wirtschaft noch unsere Lebenswelt kann daher begriffen werden, wenn man sie nicht in ihrer Verschränkung begreift.

Die Wirtschaft hat eine Dynamik entwickelt, die zu einer steten Neuorientierung der ganzen Gesellschaft zwingt. Diese ist dazu veranlaßt, mit allen ihr zur Verfügung stehenden Interpretationsweisen – nicht nur den in engerem Sinne nationalökonomischen – diese Dynamik der Wirtschaft zu deuten. Dabei ist eine solche Deutung nie nur Beschreibung, sondern immer auch Wegweisung.

Diese Dynamik hängt eng mit der Erfindung des Geldes und dem Beginn der Münzprägung zusammen. Da das Geld tendenziell alles kaufen kann und also alles in Geld umwandelbar wird, das Geld aber selbst einen bleibenden Wert darstellt, wird es zum universellen Inbegriff des Reichtums. Es ist daher geeignet, alle geographischen und gesellschaftlichen Grenzen zu sprengen. Die ersten Gold- und Silbermünzen wurden im kleinasiatischen-griechischen Raum im 7. Jahrhundert v. Chr. geprägt. Schon damals mußte man sich mit diesem neuen Phänomen auseinandersetzen, das zum Kristallisationspunkt der Wirtschaft wurde und so das Leben aus seinen festgefügten Traditionen löste. Die vorherrschende Ausdrucksform einer solchen Auseinandersetzung war damals noch der Mythos. In den kleinasiatischen-griechischen Mythen finden wir daher schon, so erstaunlich es sein mag, die ersten Ansätze zur Interpretation der Umbrüche, welche diese Dynamik zur Folge hatte. Gerade weil die Entwicklung noch im Anfangsstadium war, wurde das Neue besonders deutlich gesehen. In der plastischen Gestalt des Mythos sind die ersten kritischen Interpretationen dieser Entwicklung – hier vorgestellt in der Erzählung vom Königssohn Erysichthon aus Dotion in Griechenland – besonders eindrucksvoll.

Die Antike nahm sich der Wirtschaft aber nicht nur in mythischen Erzählungen an, sondern auch in der philosophischen Grundlegung. Wir finden Deutungsansätze vor allem in der römischen Stoa, welche die Welt von einer höchsten Vernunft regiert sieht, die auch das Unvernünftige schließlich »zur Vernunft bringt«. Sie hat zweitausend Jahre später Adam Smith, den Vater der modernen Nationalökonomie, zur Vorstellung der »unsichtbaren Hand« inspiriert, welche aus dem Zusammenwirken der »homines oeconomici«, d.h. der Individuen, die bloß ihre Eigeninteressen verfolgen, das gemeinsame Wohl entstehen läßt. Der Glaube an die »unsichtbare Hand« ist heute zum tragenden Glauben der Ökonomie geworden.

Der größte deutsche Dichter, Goethe – er lebte etwa ein halbes Jahrhundert nach Adam Smith – war lange Zeit Wirtschafts- und Finanzminister am Weimarer Hof. Er hat sich daher auch wie kaum ein anderer Schriftsteller in seiner Dichtung mit Fragen der Ökonomie auseinandergesetzt. In seinem großen Drama »Faust« distanziert er sich vom Glauben Adam Smiths an die »unsichtbare Hand«, nähert sich ihm aber wieder in »Wilhelm Meisters Wanderjahre«, seinem anderen Alterswerk, an. Er hält aber an der Überzeugung fest, daß der wirtschaftende Mensch doch einer ethischen Ausrichtung bedarf, damit die Gesellschaft nicht in eine Krise gerät – wobei zu seiner Zeit die strukturelle Arbeitslosigkeit als Folge der ersten Industrialisierungswelle im Vordergrund stand.

Ökonomisches Denken hat sich nicht allein in Europa entwickelt, sondern auch in China. Wir finden dort schon in den vorchristlichen Jahrhunderten erstaunliche Parallelen zu den verschiedenen europäischen Denkrichtungen. Sie haben aber ihren eigenen Stellenwert. Stärker als in Europa wurde hier von

Konfuzius und anderen Denkern die Vielfalt der menschlichen Motivationen verdeutlicht, die den »homo oeconomicus« einbeziehen, ihn aber durch andere »homines« wie den »homo ethicus«, den »homo politicus«, den »homo socialis« oder den »homo oecologicus« ergänzen. Diese Denkrichtungen sind in China bis heute, auch wenn dies an der Oberfläche nicht immer erkennbar war, lebendig geblieben. Ihre Neuaufnahme könnte heute auch auf die europäische Ökonomie befruchtend wirken.

Der Übergang von der Natural- zur Geldwirtschaft, der im kleinasiatischen-griechischen Raum vor mehr als zweitausend Jahren stattgefunden hat, vollzieht sich erst jetzt in den abgelegenen Gebieten der Dritten Welt. Die Analyse dieses Übergangs ist heute vor allem zu einem Thema der Ethnologen geworden. Dazu gehört auch ein Bericht über die Ewenken und Burjaten in Sibirien, der vor einigen Jahren erschienen ist. An diesem Beispiel kann nochmals die Dynamik deutlich gemacht werden, die von der Einführung des Geldes ausgeht. Die selbstverständliche Kooperation zwischen Mensch und Natur in engbegrenzten Räumen wird abgelöst durch die Unterwerfung der Natur unter das unbegrenzte Streben nach (Geld-)Reichtum. Trotzdem bleiben wir von den begrenzten Gegebenheiten der Natur abhängig. Das Beispiel zeigt die Notwendigkeit, auf neue Weise zu einer Kooperation mit der Natur zu kommen, allerdings nicht mehr (nur) auf lokaler Ebene, sondern unter Einbezug der globalen Dimension.

Mit jedem Tun – auch mit dem wirtschaftlichen Tun – ist ein Glaube verbunden, ein Glaube an den Sinn des Tuns, aber auch eine Skepsis, eine Furcht vor Verlust dieses Sinns, wenn das Tun ins Leere geht, über das Ziel hinausschießt oder sogar das Gegenteil bewirkt von dem, was eigentlich bezweckt war. In den vorliegenden Interpretationen des wirtschaftlichen Tuns kommt sowohl der Glaube wie die Skepsis zur Darstellung. Dabei steht die Frage nach dem Maß im Vordergrund. Die Dynamik der Wirtschaft scheint immer wieder zum Selbstzweck zu werden und daher eine Rückbindung an außerwirtschaftliche Maßstäbe zu benötigen, um maßvoll zu bleiben. Nur so kann die Wirtschaft ihren eigentlichen Sinn –

die Grundlage für die volle Entfaltung des Lebens zu schaffen – behalten. Verantwortung für das Maß – dies kann als die Quintessenz der fünf vorliegenden Essays betrachtet werden.

Der Frevel Erysichthons als Ursprung der ökologischen Krise

Erysichthon ist ein Königssohn, der sich am Heiligen Hain der Demeter, der Göttin der Erde und des Korns, vergreift. Er dringt mit der Axt in den Heiligen Hain ein, um Holz für einen Festsaal zu schlagen, in dem er seine Gastmähler abhalten will. Für dieses Vergehen wird er von der Göttin bestraft.

Die Erysichthon-Sage ist in verschiedenen Dichtungen überliefert, die allerdings nur zum Teil vollständig erhalten sind. Der früheste vollständige Text stammt vom alexandrinischen Dichter Kallimachos (305-240 v. Chr.). Er ist in einer Hymne an Demeter enthalten[1]. Diese beginnt mit den Worten: »Dámater méga chaire, polytrófe, pulymédimne« »Gegrüßt sei'st Du, große Demeter, fruchtbare, nährende.« In dieser Hymne wird dann folgendes berichtet:

> Die Pelasger bewohnten einst das heilige Land von Dotion. Dort hatten sie für Demeter einen schönen Hain geweiht, dicht standen die Bäume, kaum hätte ein Pfeil hindurchfliegen können. Fichten standen darin und große Ulmen, Birnbäume und schöne Apfelbäume. Wie Bernstein floß das Wasser durch die Gräben des Hains. Heiß liebte Demeter diesen Ort, fast ebenso sehr wie Eleusis.

Die Göttin ist dem Lande wohlgesinnt, weil der Herrscher Triopas den Heiligen Hain achtet. Dieses Wohlwollen kehrt sich aber in Zorn um, als dessen Sohn Erysichthon mit seinen Knechten kommt, um den höchsten Baum im Heiligen Hain, der stolz in den Himmel ragt, zu fällen. Demeter warnt ihn in Gestalt der Priesterin. Aber er läßt sich nicht abhalten. So heißt es weiter:

> Er aber, sie schrecklicher anblickend als die Löwin in den Bergen den Jäger anblickt, sprach: »Hebe dich weg, damit ich nicht meine schwere Axt in deinen Leib schlage! Diese Bäume werden die Balken der Decke meines Saales sein, in dem ich herrliche Mahlzeiten in Fülle mit meinen Freunden feiern werde.« So sprach der Jüngling. Demeter aber ergriff unsäglicher Zorn, Göttin wurde sie wieder, ihr Haupt ragte bis zum Himmel. Zu dem gottlosen Herrn wandte sie sich jetzt: »Gut, baue dein Haus, … in dem du deine Feste feiern wirst – unablässig wirst du deine Feste feiern.« Und mit diesen Worten schuf sie dem Erysichthon Arges: sogleich legte sie Hunger in ihn, heftigen und wilden, glühenden; von schrecklicher Krankheit wurde er gequält: der Arme, was er verschlungen hatte, nach dem ergriff ihn sogleich wieder die Begierde.
>
> Er saß drinnen im Palast Tag und Nacht an der Tafel und aß und aß unermeßlich viel. Solange es im Hause des Triopas noch irgend etwas gab, kannte nur der Palast das Unglück; aber als die unersättlichen Zähne alles im Palast aufgezehrt hatten, da saß er, der Königsohn, an den Straßenkreuzungen und bettelte um Bissen und Abfälle.

Zwei Jahrhunderte danach – kurz vor der Zeitwende – nimmt der große römische Dichter Ovid die Erzählung Erysichthons in seiner Dichtung »Die Metamorphosen« (»Die Wandlungen«) wieder auf und führt sie zur letzten Konsequenz[2]. Eindrücklich wird geschildert, wie Ceres – die römische Demeter – die Hunger-Göttin herbeiruft, die Erysichthon den unaufhörlichen Hunger einflößt:

> Je mehr in den Bauch er versenkt, desto mehr nur begehrt er,
> und, wie das Meer die Ströme der ganzen Erde empfängt und

nie sich des Wassers ersättigt, die fernsten Flüsse noch austrinkt,
und, wie das raffende Feuer niemals eine Speise zurückweist,
nicht zu zählende Scheite verbrennt, und je mehr du ihm bietest,
desto mehr nur verlangt und gefräßiger wird in der Fülle,
so empfängt und heischt zugleich Erysichthons, des Frevlers,
Schlund ein jedes Mahl. Ihm wird ein jegliches Essen
Grund zu essen, und stets wird leer von Speisen die Tafel.

Schließlich bleibt Erysichthon nichts übrig, als daß er seine eigenen Glieder verschlingt. So schließt das Gedicht, mit der dem Lateinischen eigenen Präzision: »minuendo corpus alebat.« – »Er nährt seinen Leib, indem er ihn aufzehrt.«

Ist dies nicht ein sehr genaues Bild der Dynamik unserer Wirtschaft? Ist sie nicht auch geprägt durch Unersättlichkeit im Sinne des exponentiellen Wachstums, das das Grundprinzip unserer Wirtschaft ist? Exponentiell bedeutet, daß die konstante Wachstumsrate jeweils auf die Vorperiode bezogen ist. Das heißt: der Zuwachs wächst mit. Der absolute Zuwachs wird daher von Periode zu Periode größer. Man kennt dieses Wachstum aus dem Zinseszinsprozeß, wenn der Zins zum Kapital geschlagen wird und somit der Zins selber auch Zins trägt. Die Zins*rate* ist immer gleich, aber die *absolute* Zinssumme steigt. Es ist der gleiche Sachverhalt, den Ovid mit dem Vers ausdrückt: »Je mehr in den Bauch er versenkt, desto mehr nur begehrt er«, oder mit dem anderen Vers, in dem er den Hunger mit dem Feuer vergleicht: »Je mehr du ihm bietest, desto mehr nur verlangt« es. – Das exponentielle Wachstum geht immer weiter. Es hat seinem Wesen nach keine Grenze.

Ist aber ein solches exponentielles Wachstum des Sozialprodukts, das mit einem entsprechenden Verzehr an natürlichen Ressourcen einhergeht, in unserer begrenzten Welt, auf der Grundlage der begrenzten Natur möglich? Führt es nicht dazu, daß wir schließlich unsere Lebens- und Wirtschaftsgrundlagen zerstören, so wie Erysichthon seinen eigenen Leib verzehrt?

Es gilt zu bedenken, daß der Mensch gar nicht existieren

kann, wenn er nicht *mit* der Natur existiert. Die Natur ist unsere *Lebensgrundlage*. Sie ist in diesem Sinne sozusagen Teil unseres Körpers. Dies kommt vielleicht in dem Aphorismus des deutschen Dichters und Bergbau-Ingenieurs Hardenberg-Novalis am deutlichsten zum Ausdruck, der lautet: »Die Luft ist genau so Organ des Menschen wie das Blut«. Wenn man nicht atmen kann, stirbt man, wenn man nicht gute Luft atmen kann, wird man krank. Das gleiche gilt für das Wasser, das wir trinken, die Erde mit ihren Nährstoffen als Grundlage der Nahrungsproduktion, die Tiere, mit denen wir in vielfältiger Symbiose leben, die Landschaft, in der wir uns orientieren. All das gehört zu uns, wird von uns im gleichen Sinne benötigt wie unsere Gliedmaßen. Wenn wir nicht mehr darüber verfügen, wenn das Wasser ungenießbar ist, wenn die Erde unfruchtbar wird, wenn die Arten der Lebewesen immer mehr dezimiert werden, wenn die Landschaft verödet, werden wir physisch und psychisch krank. Das ist aber die notwendige Folge eines quantitativen Wachstums des Sozialprodukts, das mit einer kontinuierlichen Zunahme des Verbrauchs natürlicher Ressourcen und der Belastung der Umwelt mit Abfällen und Emissionen einhergeht.

Allerdings können wir aus der Natur mit unserer Erfindungsgabe mehr herausholen als die Natur uns von sich aus bietet. Aber wir müssen ihre Substanz auch als *Wirtschaftsgrundlage* bewahren. Erysichthon griff nicht einfach die unberührte Natur an, sondern einen Baum in einem Heiligen Hain, der der Demeter geweiht war. Demeter ist die Göttin, die den Menschen die Landwirtschaft und das Getreide gebracht hat. Diese Heiligen Haine waren im Grunde Naturschutzgebiete, die auch dem Schutz der genutzten Natur dienen, indem sich im Hain die Natur, die stets durch Übernutzung gefährdet ist, wieder erholen kann. Die alten Griechen waren offensichtlich bemüht gewesen, sich der Geschenke der Demeter dadurch würdig zu erweisen, daß man nicht alles urbar machte, was möglich war, also auch einen Wald stehen ließ in der Einsicht, daß irgendwo – um einen Ausdruck von Martin Buber zu gebrauchen – dem Nutzen des Nutzlosen Raum gegeben werden muß.

Diese Zurückhaltung hat Erysichthon in seiner Begierde nicht geübt. Er ist in den Heiligen Hain eingebrochen und hat damit Demeter beleidigt, d.h. die Aufrechterhaltung der Fruchtbarkeit der Erde gefährdet.

Demeter bestraft Erysichthon. Womit? Mit nichts anderem als einfach mit der Konsequenz, mit der Logik seines eigenen Tuns. Das ist das Raffinierte an dieser Geschichte. »Du wirst deine Gastmähler halten«, sagt Demeter zu ihm, »aber wenn du keine Grenzen einhalten *willst*, dann sollst du auch keine Grenzen mehr einhalten *können*, dann sollst du nie genug bekommen und wirst dich selbst, deine Lebens- und Wirtschaftsgrundlage zerstören.«

Warum – das ist nun die Frage – will Erysichthon nicht vom Bau des Prachtsaals Abstand nehmen, in dem er seine Gastmähler abhalten will? Warum mißachtet er das Verbot der Demeter, den heiligen Baum zu fällen? Eine erste Antwort scheint nahe zu liegen: es ist der Egoismus des Erysichthon, des habgierigen Menschen, der für sich haben will, was eigentlich der Allgemeinheit gehört.

Aber: kann der Egoismus, kann der Eigennutz allein schon Ursprung der ökologischen Krise sein? Ein gewisser Eigennutz ist dem Menschen ja durchaus natürlich. Wenn der Eigennutz als solcher die Grundlage der ökologischen Krise wäre, dann wäre sie sozusagen ein anthropologisches Phänomen, dem Menschen als solchem eigen, und damit unausweichlich – es sei denn, der Mensch würde sich selbst übersteigen, sich selbst überwinden. Eine solche Forderung ist aber wohl eine Utopie. Sie ist in der Erzählung auch nicht angelegt. Das Verhalten Erysichthons ist nicht etwas, das zum Menschen als solchem gehört. Sein Vater Triopas und die Vorfahren des Vaters haben den Heiligen Hain ja geachtet. Im Unterschied zwischen dem Verhalten des Vaters zu dem des Sohnes kommt vielmehr zum Ausdruck, daß die Begierde Erysichthons ein historisches Phänomen ist, also etwas, was nicht dem Menschen als solchem eigen ist, sondern einem neuen Menschen, wie ihn Erysichthon repräsentiert.

Es gilt auch festzuhalten, daß der eigennützige Mensch – der homo oeconomicus –, selbst wenn er den Vorteil der anderen nicht mitbedenkt, eine Grenze seines Begehrens hat – nämlich die Grenze der eigenen Sättigung. In der ökonomischen Theorie spricht man vom Gesetz des abnehmenden Grenznutzens. Das heißt: je mehr der homo oeconomicus hat, umso unwichtiger wird ihm ein Zuwachs. Der Grenznutzen definiert sich als der Nutzen einer zusätzlichen Einheit, der zu einer bestehenden Menge hinzukommt. Er ist groß, wenn die Menge noch klein ist, wird aber immer geringer, wenn die Menge anwächst. Der satte homo oeconomicus – und wir sind ja, mindestens in der industrialisierten Welt, satt – kann daher als solcher nicht verantwortlich sein für ein unbegrenztes Wachstum des Sozialprodukts.

So hält auch der eigentliche Begründer der modernen Nationalökonomie, Léon Walras (1834–1910), der Ende des 19. Jahrhunderts die ökonomische Lehre auf der Grundlage des homo oeconomicus aufgebaut hat, ausdrücklich fest, daß zwar das Sozialprodukt mit Hilfe von Investitionen und technischem Fortschritt wachsen kann, daß aber in dem Ausmaß, als es stärker wächst als die Bevölkerung, der Grenznutzen des Sozialprodukts sinkt. Bei einer konstanten Bevölkerung nimmt in einer wachsenden Wirtschaft der Grenznutzen ab und nähert sich dem Nullwert.[3]

Wenn nun aber der absolute Sozialproduktzuwachs gerade in den Industrieländern am höchsten ist, wo das Bevölkerungswachstum am geringsten ist, dann muß es offensichtlich eine besondere Ursache dafür geben, daß sich die Tendenz zum sinkenden Grenznutzen nicht durchsetzt. Es muß Kräfte geben, die der Sättigung entgegenwirken. Für die Erklärung dieser Kräfte bieten nun die Erysichthon-Erzählungen wichtige Erklärungen an. Ich gehe in drei Schritten vor.

Erster Schritt

Eine erste Erklärung für die Unersättlichkeit findet sich in der Erzählung von Kallimachos selbst. Warum will Erysichthon den heiligen Baum schlagen? Wozu braucht er das Holz? Er will – wir wissen es – einen Festsaal bauen, um Gastmähler abzuhalten. Er braucht ihn, um viele Gäste einzuladen. Mit solchen Einladungen kann er sich auszeichnen. Er gewinnt Ansehen, Prestige und Macht. Er braucht den Festsaal für etwas, das seinen Wert dadurch hat, daß es andere nicht haben. Für solche Güter hat sich in der Ökonomie der Begriff »Positionsgüter« eingebürgert, weil sie die höhere Position des Besitzers gegenüber den Nicht-Besitzern markieren oder sogar begründen.[4] Man könnte auch von Geltungsgütern sprechen, also Gütern, die dem Besitzer vor allem Geltung verschaffen. Ein Streben nach solchen Gütern ist im Prinzip nicht sättigbar, weil man in dem Ausmaß, in dem die anderen nachrücken, also auch über solche Positionsgüter verfügen, selber wieder weiter vorrücken muß. Nur die Differenz zeichnet ja aus![5]

Positionale Güter gewinnen große Bedeutung in einer Gesellschaft, in der die Position der Einzelnen nicht mehr durch die Tradition festgelegt ist, in der die Rangordnungen nicht mehr feststehen, sondern jeder im Prinzip nach oben gelangen kann. Jeder, der oben ist, muß durch den Erwerb solcher positionalen Güter seine Position stets neu behaupten. Es scheint, daß die Entwicklung vom Verhalten des Triopas zum neuen Verhalten von Erysichthon bereits diesen Übergang von einer traditionellen, festgefügten, zu einer neuen Gesellschaft veranschaulicht, in der die gesellschaftlichen Schranken durchlässig geworden sind.

Eine solche Durchlässigkeit wird erzeugt durch den Übergang und die Ausbreitung der Geldwirtschaft, in der Waren gegen Geld getauscht werden, und der Erwerb von Geld es den Erwerbenden ermöglicht, die auf traditionellem Reichtum – vor allem auf Bodenbesitz – gegründeten Rangordnungen in Frage zu stellen. Dieser Übergang vollzog sich allmählich seit der Einführung von Gold- und Silbermünzen im 7. Jahrhundert v. Chr., weil es erst dadurch möglich wurde, den Handel zu verallgemeinern. X-beliebige Güter konnten nun gegen Gold- und Silbermünzen, d.h. gegen Geld, getauscht und dieses als Ausweis des Reichtums angehäuft werden. Geld selbst ist das Positionsgut par excellence, weil es sich beliebig anhäufen läßt, ohne zu verderben, und es überall begehrt wird.

Gleich nach der Einführung der Münzen prägte einer der sieben Weisen des Altertums, Pittakos, den Satz: »Gewinn ist unersättlich«.[6] Damit meinte er den Gewinn in Münzen, in Geld. Es ist daher wohl auch kein Zufall, daß in dieser Zeit, im 7. Jahrhundert v. Chr. zum erstenmal in einem Fragment – es wird Hesiod zugeschrieben – von einem unersättlichen Erysichthon die Rede ist. Dieser wurde das Vorbild der späteren Erysichthon-Erzählungen.

Die Bedeutung des Geldes hat im Laufe der Jahrhunderte – nach einem Unterbruch im Mittelalter infolge des Untergangs des Römischen Reichs – seit der Entdeckung Amerikas und der dortigen Gold- und Silbervorräte, dann noch wesentlich stärker seit der Erfindung des staatlichen Notengeldes und des darauf aufbauenden Bankensystems in ungeheurem Ausmaß zugenommen.

Zweiter Schritt

Der Erwerb von Positionsgütern, der durch den Übergang zur Geldwirtschaft zu einem allgemeinen Bedürfnis geworden ist, und sich vor allem auch in der Anhäufung von Geldvermögen manifestiert, ist aber nicht der einzige Grund, warum das Gesetz vom abnehmenden Grenznutzen, das Sättigungsgesetz, im Wachstumsprozeß außer Kraft gesetzt wird.

Geld ist auch dadurch wertvoll, das es stets den Bedarfshorizont erweitern kann. Es ermöglicht die Ausweitung des Handels, mit dessen Hilfe immer neue Güter am Horizont erscheinen, die neue Bedürfnisse befriedigen – Bedürfnisse, die vielleicht schon latent vorhanden waren, die aber erst durch das Auftauchen dieser neuen Güter geweckt werden. So bleibt der Hunger immer akut, auch wenn der Grenznutzen der *schon* vorhandenen Güter infolge Überfülle sinkt.

Diese Möglichkeit zur Erweiterung des Bedarfshorizonts von Gütern ist ebenfalls ein Bestandteil der Erysichthon-Erzählung. Er findet sich allerdings nicht in der Fassung von Kallimachos, sondern in der Fassung von Ovid. Erysichthon hat bei Ovid eine erwachsene Tochter. Ihr hat Poseidon, der Gott des Meeres, die Gabe der Verwandlung geschenkt. Erysichthon benutzt diese Fähigkeit seiner Tochter, sie immer neu zu verkaufen. Die Tochter kommt jedoch in verwandelter Gestalt stets zum Vater zurück. Wörtlich heißt es:

> Doch als der Vater erkannt, daß der Leib seiner Tochter verwandlungsfähig
> geworden, verkauft er sie oft an Herren: als Stute
> einmal und dann als Rind, als Hirsch, als Vogel vergeben,
> schaffte betrüglich sie so dem gierenden Vater die Nahrung.

Die Verwandlung der Tochter in verschiedene Gestalten rechtfertigte für Ovid die Aufnahme der Erysichthon-Geschichte in das Buch der »Metamorphosen«, d.h. der Verwandlungen. Schon früh wurde festgestellt, daß die Tiere, in die die Tochter sich verwandelt, symbolisch sind für den Dienstbotenlohn bzw. den Sklavenlohn, den der Vater für sie erhält.[7] Die Tochter kommt sozusagen in der Metamorphose des Geldes, in Form des Sklavenpreises zum Vater zurück. Dieser muß so hoch sein, daß der Wert der Tochter, die ja für den Vater ein Kapital darstellt, in Höhe des Kapitalwerts zu ihm zurückkommt *plus* einem Zusatz, der vom Vater konsumiert werden kann. Der Handel mit der Tochter wird auf diese Weise sinnbildlich für den Handel schlechthin. Der Händler legt sein Kapital in Waren an, um die Waren zu einem Preis zu verkaufen, der den Kapitalwert deckt und darüber hinaus einen Gewinnanteil enthält. Während er den Gewinn verzehrt, beschafft er sich mit dem ursprünglich angelegten und wieder zurück erhaltenen Geld neue Waren, die neue Bedürfnisse befriedigen, um auch diese Waren wieder mit Gewinn zu verkaufen. Er wirft jedesmal – um Karl Marx zu zitieren, der um provozierende Formulierungen nie verlegen ist – »beim Kauf der Ware Geld in die Zirkulation, um es ihr wieder zu entziehen durch den Verkauf dieser Ware. Er entläßt das Geld nur mit der hinterlistigen Absicht, seiner wieder habhaft zu werden.«[8] Genau so wie Erysichthon seine Tochter verkauft – so könnte man sagen – »in der hinterlistigen Absicht«, ihr bzw. ihres Kapitalwerts wieder habhaft zu werden.

Durch den Verkauf der Tochter wird es Erysichthon möglich, mehr und mehr Güter zu erwerben. Aber weil die neue Nahrung nur neue Bedürfnisse weckt und so neuen Hunger verursacht, muß er selber immer mehr eigene Waren zum Verkauf bringen, bis er schließlich Raubbau an den eigenen Ressourcen treibt und damit seine Wirtschafts- und Lebensgrundlagen und sozusagen sich selbst zerstört. So heißt es am Schluß der Erzählung Ovids:

> Aber, als allen Stoff die Gewalt seines Übels verzehrt und
> doch nur neue Nahrung der schrecklichen Krankheit gegeben,
> fing er mit Bissen an zu zerfleischen die eigenen Glieder,
> und der Unselige nährt seinen Leib, indem er ihn aufzehrt.

Dritter Schritt

Auch mit der Verwandlung der Tochter ist die Erysichthon-Geschichte in bezug auf die Frage nach der Unersättlichkeit noch nicht ausgeschöpft. Es gibt eine dritte Version, die sich auf die Erzählung von Ovid bezieht, ihr aber eine ganz neue Wendung gibt. Sie stammt von Pierre de Ronsard (1524–1585), dem größten französischen Dichter der Renaissance. Im 16. Jahrhundert kam es in der Folge der Gold- und Silberimporte aus dem neuentdeckten Amerika zu einem neuen Wachstumsschub.

Ronsard wendet sich »gegen die Holzfäller im Wald von Gâtine« – so heißt sein Gedicht.[9] In einem Kommentar zu diesem Gedicht findet sich folgende Erklärung: »Ronsards geliebter Wald von Gâtine, der sich am linken Ufer der Loire in Richtung Tour erstreckt, wurde 1573 von seinem Eigentümer Henri de Bourbon verkauft und abgeholzt.«[10] Ronsards Gedicht ist ein Protest gegen die Abholzung. Die erste Strophe lautet:

Wer einst als erster sich des Frevels unterfängt,
Daß er dich, hoher Wald, mit hartem Beil bedrängt,
Den soll sein eigener Stab mit scharfem Stahl aufspießen,
Und Erysichthon gleich soll er den Hunger büßen,
Der am geweihten Baum der Ceres sich vergangen,
Der danach, ungestillt in rasendem Verlangen,
Die Herden allesamt, so Rind wie Lamm, verheerte
Und sich, vor Hunger toll, am Ende selbst verzehrte.
Er soll zuerst die Pacht, soll dann sein Land verprassen.

In der zweiten Strophe wird die Ursache dieses Verprassens geschildert. Der Besitzer des Waldes, der den Wald abholzen läßt, soll immer neue Darlehen aufnehmen müssen und Zins und Zinseszinsen dem Darlehensgeber schulden, und schließlich sein ganzes Hab und Gut daransetzen, um das Darlehen zurückzubezahlen:

Er soll, auf daß der Wald gerächt sei für sein Blut,
Auf immer neuen Zins stets neu geborgtes Gut
Dem Gläubiger schuldig sein, und schließlich alle Habe
Aufbrauchen, daß er nur die Schuld beglichen habe.

Ronsard gießt seinen Zorn – das ist das Bemerkenswerte – nicht wie dies sonst immer üblich war, über den Darlehensgeber aus, den Gläubiger, der Zinsen verlangt, sondern über denjenigen, der das Darlehen aufnimmt, den Schuldner. Dieser ist hier der Waldbesitzer, der Geld aufnimmt, damit er die Holzfäller bezahlen kann. Der Hunger, der den Waldbesitzer antreibt, ist der Hunger nach Gewinn, den er aus der Abholzung des Waldes zieht.

Aber aus dem Gewinn muß er auch den Zins für das Darlehen bezahlen. Diesen Zins muß er fortlaufend, Jahr für Jahr, neu bezahlen, solange er das aufgenommene Geld dem Gläubiger schuldig bleibt. Der Gewinn aber fällt, wenn der Holzschlag nicht nachhaltig betrieben wird, nur einmal an. Daher muß der Besitzer, der mit Raubbau begonnen hat, versuchen, durch immer weiteren Raubbau neuen Gewinn zu erzielen, um die sich immer wieder erneuernde Zinsschuld zu begleichen.

Schließlich ist aber der Wald kahlgeschlagen. Der Besitzer muß dann sein Hab und Gut verkaufen, um die Darlehen zurückzubezahlen und vernichtet auf diese Weise seine Existenzgrundlage selbst, so wie Erysichthon seinen eigenen Leib verzehrt.

Am Schluß gibt Ronsard der Erysichthon-Geschichte eine Wendung ins Allgemeine. Es geht nicht mehr nur um seinen Wald, den Wald von Gâtine, überhaupt nicht mehr nur um den Wald, sondern um die ganze Umwelt, die Welt schlechthin. Ronsard klagt darüber, daß nur die Materie bestehen bleibt, aber alle Form verzehrt wird, in der sich die Welt manifestiert: »La matière demeure et la forme se perd.« Vielleicht gehen aus der Materie auch wieder neue Formen hervor. Aber dem Dichter spendet dies wenig Trost. Die Vernichtung des Waldes von Gâtine hat daher – so sagt der Kommentar – eine »apokalyptische Dimension«.[11]

Man kann sich nun fragen, ob diese Klage Ronsards nicht zu weit geht. Mußte man nicht viele Wälder fällen, um das Land urbar machen zu können, mußte und muß man nicht die Natur umformen, damit die vielfältigen Produkte geschaffen werden, die allein erst Kultur und Zivilisation ermöglichen? Ein anderer großer Dichter, Friedrich Schiller, kommt genau zu diesem Schluß. In einem Gedicht mit dem Titel »Das Eleysinische Fest«, das um 1800 geschrieben wurde, zu Beginn der industriellen Revolution, wird die Begeisterung beschrieben, mit der gerade im Dienste der Göttin Ceres/Demeter ein Wald gefällt wird:

Alle Nymphen, Oreaden,
Die der schnellen Artemis
Folgen auf des Berges Pfaden,
Schwingend ihren Jägerspieß,
Alle kommen, alle legen
Hände an, der Jubel schallt,
Und von ihren Äxte Schlägen
Krachend stürzt der Fichtenwald.[12]

Ceres/Demeter ist diese Urbarmachung des Landes offensichtlich wohlgefällig. Von einem Erysichthon, der frevelhaft einen heiligen Baum fällt, ist hier nicht die Rede.

Was gilt nun, freut sicht Ceres/Demeter, wenn man den Wald fällt, oder ist sie zornig? Um diese Frage zu beantworten, müssen wir wieder daran denken, daß Erysichthon nicht irgendeinen Wald fällt, sondern den Heiligen Hain, der der Göttin geweiht ist. Offensichtlich geht es nicht darum, sich jedem Eingriff in die Natur zu enthalten, genau so wenig wie es darum geht, den Egoismus des homo oeconomicus als solchen zu verdammen. Nicht die Nutzung der Natur als solche ist gefährlich, auch nicht die individuelle Aneignung der Nutzung, sondern der Kahlschlag, die unbedenkliche Nutzung der Natur. Diese hat – und das ist der reale Hintergrund der Erysichthon-Sage – schon im Altertum zur ersten großen Umweltkatastrophe geführt, zur Verkarstung des ganzen Mittelmeerraums. Diese wird von Plato im Dialog »Kritias« mit den Worten beschrieben: »Wenn man den heutigen Zustand mit dem damaligen vergleicht«, so ist »gleichsam noch das Knochengerüst eines Leibes übrig, der von einer Krankheit verzehrt wurde: ringsum ist aller fette und weiche Boden weggeschwemmt worden, und nur das magere Gerippe des Landes ist übrig geblieben.«[13]

Heute geht es immer noch oder wieder um die Vernichtung der Wälder, besonders der Urwälder mit ihrer reichen biologischen Substanz. Diese geht mit dieser Vernichtung unwiederbringlich verloren. Wer schon miterlebt hat, wie so ein gewaltiger Urwaldriese gefällt wird, kann den Zorn der Demeter gut verstehen! Aber es geht natürlich nicht nur um die Vernichtung von Wäldern, sondern um die gesamte zunehmende Umweltbelastung und -zerstörung bei uns und in der ganzen Welt.

Die Tatsache, daß wir die Natur nutzen müssen, um zu wirtschaften, heißt eben nicht, daß sie bis zum letzten ausgenutzt werden darf, sondern vielmehr, daß man auch Grenzen der Nutzung einhalten muß.

Zusammenfassend läßt sich festhalten: Der Ursprung der ökologischen Krise liegt in der Unfähigkeit, notwendige Grenzen der wirtschaftlichen Nutzung der Welt zu setzen und zu beachten. Die Entgrenzung steht – wie uns die Erysichthon-Erzählungen von Kallimachos, Ovid und Pierre de Ronsard verdeutlichen – im Zusammenhang mit der Ausbreitung der Geldwirtschaft und der Dynamik des Geldes. Diese wirkt der an sich natürlichen Tendenz zum abnehmenden Grenznutzen, zur Sättigung bei steigendem Sozialprodukt, entgegen. Die Unersättlichkeit wird zum maßgebenden Prinzip. Ich wiederhole nochmals die drei Schritte dieser Erklärung:

- Erysichthon baut einen Prunksaal. Die traditionellen Strukturen werden durch die Ausweitung der Geldwirtschaft aufgelöst; dadurch bekommen Positionsgüter wie der Prunksaal, durch die man sich Geltung erwerben kann, eine entscheidende Bedeutung; das Streben nach Geltung ist unersättlich.
- Die Tochter Erysichthons läßt sich in verwandelter Gestalt immer wieder verkaufen. Dies versinnbildlicht die Ausbreitung des Handels mit Hilfe des Geldes; der Bedarfshorizont wird ständig erweitert. Ist man von einem Gut gesättigt, erscheinen neue Güter am Horizont, die neue Begierden wecken.
- Der Besitzer des Waldes von Gâtine läßt ihn kahl schlagen. Dieser Kahlschlag symbolisiert die Folge der Interaktion von Gewinn und Zins im Wachstumsprozeß: man wird vom Gewinn angelockt und vom Zins gestoßen, – nämlich vom Zins für die Darlehen, die man für die Erzielung des Gewinns aufgenommen hat.

Die Unersättlichkeit muß in einer begrenzten Welt dazu führen, daß wir schließlich unsere eigenen Wirtschafts- und Lebensgrundlagen zerstören. Das ist die Schlußfolgerung der Erysichthon-Erzählungen.

Wir sehen in der modernen Zeit die Dinge allerdings anders: Wir sehen vor allem den großen Reichtum, den die moderne Wirtschaft gebracht hat. Wir freuen uns über die Umformung der Natur zu unserem Nutzen durch das Wachstum des Sozialprodukts. Warum sollten wir uns auch diese Freude verwehren?

Nur: wir sollten im Auge behalten, daß die oberste Richtlinie der Ökonomie das ökonomische Prinzip ist, nämlich der haushälterische Umgang mit knappen Gütern. Es geht um die Notwendigkeit, die Nutzung *aller* knappen Güter – auch der Naturgüter – so zu gestalten, daß zwar der größtmögliche Nutzen daraus gewonnen werden kann, daß aber die Grenzen der Nutzung nicht überschritten werden. Die Ökonomie muß dabei auch der erst in Zukunft fühlbaren Knappheit der Natur Rechnung tragen. Es geht also nicht um eine Maximierung, sondern um eine Optimierung der Nutzung unter Einbezug der Zukunft.

Nun würde sich eine solche Optimierung sozusagen auch unter Einbezug der Natur von selbst ergeben, wenn *generell* das Gesetz vom abnehmenden Grenznutzen zur Geltung käme, wenn also die Bedürfnisse nach *allen* Gütern immer geringer würden, je mehr man bereits davon hat, je mehr man sich der Sättigung nähert. Dann würde auch der Grenznutzen des Natur*verbrauchs* fallen und derjenige der Natur*erhaltung* steigen, je mehr die Natur für den Zuwachs des Sozialprodukts bereits verbraucht wurde, also knapp geworden ist. Auf der Grundlage der Sättigungstheorie von Léon Walras müßte man zu dieser Schlußfolgerung kommen. Allerdings müßte man auch daraus schließen: wenn das Sozialprodukt und der Naturverbrauch weiter zunimmt, so könnte es nur deswegen der Fall sein, weil der Grenznutzen des Naturverbrauchs immer noch höher liegt als der Grenznutzen der Naturerhaltung. Bei weiterer Steigerung des Sozialprodukts und des Naturverbrauchs würde aber schließlich doch eine Sättigung eintreten und die Naturerhaltung demgegenüber immer wichtiger werden. Dann würde man von sich aus ein weiteres Wachstum des Sozialprodukts gar nicht mehr oder nur insofern anstreben, als es um einen rein qualitativen Zuwachs geht.

Die Erysichthon-Erzählungen sagen uns aber, daß wir uns auf diesen Grenznutzenausgleich nicht verlassen können, weil unsere Wirtschaft in der Generallinie durch die Tendenz zur Unersättlichkeit bestimmt wird. Wohl gilt für einzelne Güter das Gesetz vom abnehmenden Grenznutzen, nicht aber für das Sozialprodukt als ganzes. Daher gibt es auch keinen Grenznutzenausgleich zwischen Naturnutzung und Naturerhaltung. Wollen wir unsere Lebens- und Wirtschaftsgrundlagen bewahren, müssen wir ganz bewußt und willentlich Grenzen der Naturnutzung setzen, sowohl bezüglich des Ressourcen- und Bodenverbrauchs wie bezüglich Umweltverschmutzung und neuer Risiken. Diese Grenzen müssen in die Rahmenordnung der Wirtschaft eingehen und der Tendenz zur Unersättlichkeit in der Wirtschaft entgegenwirken. Der Markt kann sich dann so gestalten, daß man nicht nur Geld *verdient* durch die Nutzung der Natur, sondern auch Geld *bezahlen* muß für die Nutzung der Natur. Je mehr man sich den Grenzen der zulässigen Nutzung nähert, umso mehr muß sich die Abnahme des Naturverbrauchs statt die Zunahme lohnen.

Die Tatsache, daß wir die Natur nutzen müssen, um zu wirtschaften, heißt eben nicht, daß sie bis zum letzten ausgenutzt werden darf, sondern vielmehr, daß man sich auch beschränken und Grenzen der Nutzung einhalten muß.

Die Wirkungsweise des Geldes wird verändert, indem es in den Dienst der Einsparung von natürlichen Ressourcen, nicht im Sinne ihrer Ausbeutung, genutzt wird. Wir müssen eine Zurückhaltung üben, die immer dann notwendig ist, wenn man sich dem Schenkenden gegenüber dankbar erweisen will. Sie geschieht im Bewußtsein, daß man ein Geschenk pflegen muß, weil man es nicht durch eigene Leistung erworben hat und daher auch nicht durch eigene Leistung selber neu schaffen kann. Die Schöpfung, die Natur, wurde uns geschenkt. Wir haben sie nicht geschaffen und müssen ihr daher durch Selbstbeschränkung, durch bewußte Grenzziehungen, Sorge tragen.

Im Altertum hat Demeter die Grenzen vorgegeben – die Grenzen des Heiligen Hains. Diese Grenzen wurden überschritten. Heute muß die Wissenschaft stärker an neuen Grenzziehungen mitwirken. Aber ohne Übernahme einer Mitverantwortung jedes Einzelnen, auf der Grundlage der Einsicht in die Notwendigkeit *und* in die Schwierigkeit dieser Grenzziehungen, ist es nicht möglich, die Grenzen zu bestimmen. Vielleicht kann der Blick auf Erysichthon dazu beitragen, diese Einsicht zu fördern und zu vertiefen. Wir müssen uns neu auf die Kräfte in uns besinnen, die uns im Bild der Demeter entgegentreten.

Die Sage vom Königssohn Erysichthon nach Kallimachos*

Wenn der heilige Korb der Demeter vorbeigetragen wird, dann rufet alle, ihr Frauen: »Demeter, sei gegrüßt, fruchtbare nährende Göttin!« Wenn der heilige Korb vorbeigetragen wird, dann senkt die Augen zu Boden, wagt nicht, vom Balkon des Hauses herunterzuschauen noch den Blick in die Höhe zu heben! Niemand, weder Kind noch Frau, auch nicht eine, die ihr Haar aufgelöst trägt und trockenen Mundes ist vom langen Fasten.

Schon warf der Abendstern Hesperus einen Blick aus den Wolken – wann wird er erscheinen? Hesperus der als einziger die Demeter zum Trinken bringen konnte, als sie die Spuren ihrer geraubten Tochter suchte. Demeter, Herrin, wie konnten dich die Füße tragen bis zum Lande des Sonnenunterganges, bis zu den schwarzen Äthiopiern und zum Garten der Hesperiden? Nichts trankst du noch aßest du während dieser ganzen Zeit noch wuschest du dich. Dreimal durchschrittest du den silberströmenden Acheloios, ebenso oft durchquertest du jeden der immerfließenden Ströme, dreimal setztest du dich nieder beim Brunnen Kallichoros, schmutzig und durstig, aber du aßest nicht und wuschest dich nicht. – Aber nein: reden wir nicht von dem, was Tränen brachte der Demeter. Schöneres wollen wir schildern, wie sie den Städten die passenden Gesetze gab, wie sie als erste die Halme schnitt und die heiligen Garben und sie den Rindern zum Futter vorwarf, als Triptolemos die herrliche Kunst erlernte, und erzählen wir vor allem, um die Menschen von Frevel gegen Demeter abzuhalten, wie sie einst den Erysichthon bestrafte.

Die Pelasger bewohnten einst das heilige Land von Dotion. Dort hatten sie für Demeter einen schönen Hain geweiht, dicht standen die Bäume, kaum hätte ein Pfeil hindurchfliegen können. Fichten standen darin und große Ulmen, Birnbäume und süße Apfelbäume. Wie Bernstein floß das Wasser durch die Gräben des Hains. Heiß liebte Demeter diesen Ort, fast ebenso sehr wie Eleusis. Aber das Wohlwollen der Göttin zu Triopas, dem Herrscher des Landes, verkehrte sich in Zorn, als böser Rat seinen Sohn Erysichthon ergriff:

Dieser eilte nämlich mit zwanzig Knechten, alle in der Stärke der Jugend, alle wie Riesen, stark genug eine ganze Stadt zu vernichten, alle trugen Äxte und Beile – zum Hain der Demeter eilten sie schamlos, dorthin wo eine Pappel stand, stolz in den Himmel ragend: bei ihr pflegten die Nymphen jeweils am Mittag zu spielen. Dieser Baum, als erster getroffen, gab einen klagenden Ton. Demeter fühlte, daß ihrem heiligen Hain Leid widerfuhr. Erzürnt sprach sie: »Wer schlägt mir die schönen Bäume?« Sogleich nimmt sie die Gestalt der Nikippe an, welche ihre Priesterin war; in den Händen trägt sie die heiligen Binden und von der Schulter hängt der Schlüssel. Und begütigend spricht sie zu dem bösen und frevelnden Mann: »Mein Sohn, der du den Göttern geweihte Bäume schlägst, halt ein! Von den Eltern geliebter Sohn, laß ab und schicke die Knechte fort, damit nicht in Zorn gerate die Herrin Demeter, deren Heiligtum du schändest.«

Er aber, sie schrecklicher anblickend als die Löwin in den Bergen den Jäger anblickt, sprach: »Hebe dich weg, damit ich nicht meine schwere Axt in deinen Leib schlage! Diese Bäume werden die Balken der Decke meines Saales sein, in dem ich herrliche Mahlzeiten in Fülle mit meinen Freunden feiern werde.« So sprach der Jüngling, die Nemesis aber schrieb auf seine bösen Worte. Die Demeter aber ergriff unsäglicher Zorn, Göttin wurde sie wieder, ihr Haupt ragte bis zum Himmel. Bei ihrem Anblick verloren die Knechte beinahe die Besinnung, sie rannten Hals über Kopf davon, im Baume ließen sie ihre Äxte stecken. Die Göttin kümmerte sich nicht um sie, gezwungen waren sie ja ihrem Herrn gefolgt. Zu dem gottlosen Herrn aber wandte sie sich jetzt: »Gut, gut, baue dein Haus, du Hund, in dem du deine Feste feiern wirst – unablässig wirst du deine Feste feiern.« Und mit diesen Worten schuf sie dem Erysichthon Arges: Sogleich legte sie Hunger in ihn, heftigen und wilden, glühenden; von schrecklicher Krankheit wurde er gequält; der Arme, was er verschlungen hatte, nach dem ergriff ihn sogleich wieder die Begierde. Zwanzig Diener rüsteten sein Mahl, zwölf aber schöpften den Wein, denn zusammen mit Demeter zürnte auch Dionysos: wer Demeter beleidigt, beleidigt auch Dionysos.

Da die Eltern sich schämten, ließen sie ihren Sohn nicht mehr zu Einladungen und Festen gehen, jede Art von Ausrede gaben sie an: als die Familie des Ormenos kam, um ihn zu den Wettspielen der Athene einzuladen, entschuldigt ihn die Mutter: »Er ist nicht zu Hause, gestern ging er nach Krannon in einem Geschäft mit hundert Ochsen:« Es kam Polyxo, Aktorions Mutter, die ihrem Sohne die Hochzeit rüstete, um Triopas und Erysichthon zur Hochzeit zu laden; ihr aber antwortete die Mutter betrübt und Tränen vergießend: »Triopas wird kommen, den Erysichthon aber hat ein Eber verletzt im weiten Pindosgebirge, schon neun Tage liegt er zu Bett.« Oh Mutter Deilaia, was hast du nicht für Lügen ersonnen aus Liebe zu deinem Sohn! Jemand feiert Hochzeit – »den Erysichthon hat der Diskos verletzt.« Jemand gibt ein Essen – »Erysichthon ist schon bei andern eingeladen.« oder »Erysichthon ist vom Pferde gefallen« oder »Er ist in Othrys, kontrolliert die Herden.«

Er aber saß unterdessen drinnen im Palast Tag und Nacht an der Tafel und aß und aß unermeßlich viel. Der böse Bauch verlangte immer mehr, je mehr er aß. Alle Nahrung aber floß nutzlos in den Schlund wie in den Schlund des Meeres. Wie der Schnee auf dem Mimasgebirge, wie Wachs an der Sonne und mehr noch als diese, schmolz er dahin, bis nur noch Haut und Knochen übrigblieben. Es weinte die Mutter, tief stöhnten die beiden Schwestern, die Amme und die zehn Dienerinnen. Und Triopas selbst legte seine Hände in seine grauen Haare und schrie zu Poseidon, der aber taub war: »Vater, sieh da deinen Enkel, wenn ich wirklich dein Sohn bin, und wenn dieser Unglückliche wirklich mein Sohn ist – hätten ihn doch meine Hände vorher zu Grabe getragen! Jetzt aber liegt er darnieder von unersättlichem Hunger ergriffen. Du Poseidon, nimm weg diese schreckliche Krankheit, oder nimm du ihn und ernähre du ihn! Denn meine Tische sind leer, verödet sind meine Ställe, leer von Vieh sind mir die Höfe, meine Köche sind am Ende ihrer Kräfte.«

Aber umsonst – man spannte die Esel von den großen Wagen; und er verschlang den Ochsen, den die Mutter für die

Göttin Hesta als Opfertier aufgespart hatte; und er verschlang das Zugroß und das Kriegspferd, er verschlang die Katze, die den Mäusen ein Schreck war. Solange es im Hause des Triopas noch irgend etwas gab, kannte nur der Palast das Unglück; aber als die unersättlichen Zähne alles im Palast aufgezehrt hatten, da saß er, der Königssohn, an den Straßenkreuzungen und bettelte um Bissen und Abfälle.

Oh Göttin Demeter, jener soll nicht mein Freund sein, den du hassest, und möge er auch nicht mein Nachbar sein! Beginnt den Gesang, ihr Mädchen! und ihr Frauen, ruft laut zur Göttin: »Demeter, große Göttin, sei gegrüßt, fruchtbare nährende Göttin!« Und wie weißhaarige Rosse den heiligen Wagen ziehen, so möge uns die große Göttin einen hellen Frühling bescheren, einen hellen Sommer und fruchtbaren Herbst …

* Kallimachos, »Hymnen«, 6,24–117; für dieses Buch aus dem Griechischen ins Deutsche übersetzt von Urs Wyss.

Die Sage von Königssohn Erysichthon nach Ovid*

Nec minus Autolyci coniunx, Erysichthone nata,
iuris habet. pater huius erat, qui numina divum
sperneret et nullos aris adoleret honores.
ille etiam Cereale nemus violasse securi
dicitur et lucos ferro temerasse vetustos.
stabat in his ingens annoso robore quercus,
una nemus; vittae mediam memoresque tabellae
sertaque cingebant, voti argumenta potentis.
saepe sub hac dryades festas duxere choreas,
saepe etiam manibus nexis ex ordine trunci
circuiere modum, mensuraque roboris ulnas
quinque ter inplebat. nec non et cetera tantum
silva sub hac omnis, quantum fuit herba sub omni.

Non tamen idcirco ferrum Triopeïus illa
abstinuit famulosque iubet succidere sacrum
robur, et ut iussos cunctari vidit, ab uno
edidit haec rapta sceleratus verba securi:
»non dilecta deae solum, sed et ipsa licebit
sit dea, iam tanget frondente cacumine terram.«

Dixit, et obliquos dum telum librat in ictus,
contremuit gemitumque dedit Deoïa quercus:
et pariter frondes, pariter pallescere glandes
coepere ac longi pallorem ducere rami.
cuius ut in trunco fecit manus inpia vulnus,
haud aliter fluxit discusso cortice sanguis,
quam solet, ante aras ingens ubi victima taurus
concidit, abrupta cruor e cervice profundi.

Gleiches Vermögen besitzt des Autolycus Weib, Erysichthons
Tochter. Ihr Vater war ein Mann, der das Walten der Götter
frech verlachte und nie auf Altären Weihrauch verbrannte.
Auch den Hain der Ceres, erzählt man, hat er entheiligt
und seine alten Bäume verletzt mit dem Eisen des Beiles.
Riesig stand unter denen, bejahrten Stamms eine Eiche:
Sie allein ein Wald. Gedächtnistafeln und Bänder,
Kränze schmückten sie rings: erhörter Gebete Beweise.
Oftmals schritt unter ihr der Dryaden Schar ihren Reihen.
Oftmals maßen sie auch, mit verflochtenen Händen im Kreise
rings ihn umschließend den Stamm. Und, sieh, es erreichte sein Umfang
fünfzehn Ellen. Es stehn unter ihr die übrigen Bäume
tief, wie unter all den anderen Bäumen die Kräuter.

Dennoch hielt des Triopas Sohn auch von dieser das Beil nicht
fern. Er heißt die Diener den Stamm, den heiligen, fällen;
und, als er zaudern sieht die Geheißnen, entreißt der Verbrecher
einem von ihnen das Beil und läßt die Worte vernehmen:
»Mag sie nicht nur geliebt von der Göttin sein, sondern selbst auch
Göttin, jetzt wird sie den Grund mit dem laubigen Wipfel berühren!«
Sprach es, und während zum Hieb von der Seite die Waffe er schwingt,
erzitterte Deos Eiche und ließ ein Seufzen vernehmen,
bleich zu werden begannen die Blätter zugleich mit den Früchten
und eine Blässe kroch entlang den mächtigen Zweigen.
Als seine frevelnde Hand dem Stamm eine Wunde geschlagen,
quoll aus dem Spalt in der Rinde das Blut nicht anders hervor als,
wie es zu fließen pflegt aus dem angeschlagenen Nacken,
wenn der gewaltige Stier als Opfer stürzt am Altare.

Obstipuere omnes, aliquisque ex omnibus audet
deterrere nefas saevamque inhibere bipennem.
adspicit hunc »mentis« que »piae cape praemia!« dixit
Thessalus inque virum convertit ab arbore ferrum
detruncatque caput repetitaque robora caedit,
redditus e medio sonus est cum robore talis:
»nympha sub hoc ego sum Cereri gratissima ligno,
quae tibi factorum poenas instare tuorum
vaticinor moriens, nostri solacia leti.«

Persequitur scelus ille suum, labefactaque tandem
ictibus innumeris adductaque funibus arbor
corruit et multam prostravit pondere silvam.

Attonitae dryades damno nemorumque suoque,
omnes germanae, Cererem cum vestibus atris
maerentes adeunt poenamque Erysichthonis orant.
adnuit his capitisque sui pulcherrima motu
concussit gravidis oneratos messibus agros,
moliturque genus poenae miserabile, si non
ille suis esset nulli miserabilis actis,
pestifera lacerare Fame. quae quatinus ipsi
non adeunda deae est (neque enim Cereremque Famemque
fata coire sinunt), montani numinis unam
talibus agrestem conpellat oreada dictis:
»est locus extremis Scythiae glacialis in oris,
triste solum, sterilis, sine fruge, sine arbore tellus;
frigus iners illic habitant Pallorque Tremorque
et ieiuna Fames. ea se in praecordia condat
sacrilegi scelerata, iube! nec copia rerum
vincat eam, superetque meas certamine vires!
neve viae spatium te terreat, accipe currus,
accipe quos frenis alte moderere dracones«.

Alle entsetzten sich da. Es wagte dem Frevel zu wehren
einer von allen und suchte die wütende Schneide zu hemmen.
Blickt ihn der Thessaler an und spricht: »Da nimm für den frommen
Sinn deinen Lohn!« Er wendet das Eisen vom Baum auf den Mann und
trennt ihn vom Rumpfe das Haupt. Er schlug aufs neu auf den Stamm ein,
als eine Stimme erklang hervor aus der Mitte des Baumes:
»Hier unter diesem Holz bin ich, eine Nymphe, der Ceres
teuer; und ich, ich künde dir sterbend an: Deiner Taten
Strafe steht dir nahe bevor, ein Trost mir im Tode.«

Er treibt weiter sein Freveln, und endlich, von zahllosen Streichen
wankend, mit Seilen zur Seite gezogen, stürzte der Baum und
streckte im wuchtigen Fall der anderen viele zu Boden.

All die Schwesterdryaden, bestürzt, daß den Hain und sie selbst betroffen
ein solcher Verlust, sie treten in schwarzen Gewändern
trauernd vor Ceres hin, Erysichthons Bestrafung zu fordern.
Nickend gewährte es ihnen die Herrliche, ließ durch des hehren
Hauptes Regung wogen die ernteschweren Gefilde,
denkt eine Strafe ihm zu erbarmenswürdigster Art, könnt
einem nach solcher Tat erbarmenswürdig erscheinen:
Süchtiger Hunger soll ihn verzehren. Da diesem zu nahn der
Göttin selber verwehrt – daß Ceres und Hunger sich treffen,
läßt das Geschick nicht zu – ruft diese eine der Nymphen,
die im Gebirg man verehrt, und gibt ihr so ihren Auftrag:
»Fern an den eisigen Küsten von Scythien liegt eine Stelle,
fruchtlos, öde der Boden, kein Korn, kein Baum auf der Erde.
Lähmende Kälte ist dort daheim, der Schrecken, das Graun und
Er, der Hunger, der hohle. Er soll in des Heiligtumschänders
frevelhaftes Geweide sich senken. Ihn soll keine Fülle
zwingen, im Wettstreit soll er auch meinen Kräften obsiegen.
Und, daß die Weite des Wegs dich nicht schrecke, nimm meinen Wagen.
nimm sie auf hoher Bahn mit den Zügeln zu lenken, die Schlangen.«

Et dedit. illa dato subvecta per aëra curru
devenit in Scythiam, rigidique cacumine montis
(Caucason appellant) serpentum colla levavit
quaesitamque famem lapidoso vidit in agro
unguibus et raras vellentem dentibus herbas.
hirtus erat crinis, cava lumina, pallor in ore,
labra incana situ, scabrae rubigine fauces,
dura cutis, per quam spectari viscera possent:
ossa sub incurvis exstabant arida lumbis,
ventris erat pro ventre locus; pendere putares
pectus et a spinae tantummodo crate teneri.
auxerat articulos macies, genuumque tumebat
orbis, et inmodico prodibant tubere tali.
hanc procul ut vidit, (neque enim est accedere iuxta
ausa), refert mandata deae paulumque morata,
quamquam aberat longe, quamquam modo venerat illuc,
visa tamen sensisse famem est, retroque dracones
egit in Haemoniam versis sublimis habenis.

Dicta Fames Cereris, quamvis contraria semper
illius est operi, peragit perque aëra vento
ad iussam delata domum est et protinus intrat
sacrilegi thalamos altoque sopore solutum
(noctis erat tempus) geminis amplectitur ulnis
seque viro inspirat faucesque et pectus et ora
adflat et in vacuis spargit ieiunia venis.
functaque mandato fecundum deserit orbem,
inque domos inopes, adsueta revertitur arva.

Gab sie der Nymphe, und die, durch die Lüfte geführt auf der Göttin
Wagen, gelangte nach Scythien so. Auf dem Haupt eines wilden
Berges – Caucasus wird er genannt – gab frei sie der Schlangen
Rücken und sah nun dort auf steinigem Feld den gesuchten
Hunger mit Nägeln und Zähnen die dürftigen Kräuter sich rupfen.
Struppig sein Haar und hohl seine Augen, Blässe im Antlitz.
fleischlos die Lippen und grau, voll rauhen Schorfes der Rachen.
hart seine Haut, man konnte durch sie die Geweide erkennen.
Dürr über hohlen Lenden heraus ihm starrten die Rippen,
statt des Leibes – Raum für den Leib. Die Brust schien zu hangen
so, als würde sie nur von den Wirbeln des Rückens gehalten.
Größer macht die Gelenke die Magerkeit, quellend der Kniee
Scheiben, unmäßig treten hervor die kantigen Knöchel.
Als sie von ferne ihn sah – sie wagte nicht näher zu treten –
rief sie der Göttin Befehle ihm zu. Und so kurz sie verweilt, so
weit sie entfernt von ihm stand, und war sie auch kaum erst gekommen,
glaubte sie dennoch den Hunger zu spüren. Sie ließ ihre Schlangen
wenden und lenkte sie hoch ihre Bahn nach Thessalien wieder.

Was ihm Ceres befohlen, vollführte der Hunger, obgleich er
stets ihrem Wirken feind. Durch die Luft von den Winden getragen,
naht er sich schon dem befohlenen Haus. In des Heiligtum-
schänders Kammer tritt er sogleich; den in tiefem Schlummer Gelösten –
Nachtzeit war es – umschlingt mit beiden Armen er enge,
haucht dem Manne sich ein, weht Brust ihm, Rachen und Antlitz
an und flößt seine Leere ihm tief in das hohle Geäder.
Dann, da sein Auftrag erfüllt, verläßt er den fruchtbaren Erdkreis,
kehrt in das Haus des Mangels zurück auf die heimischen Fluren.

Lenis adhuc somnus placidis Erysichthona pennis
mulcebat: petit ille dapes sub imagine somni,
oraque vana movet dentemque in dente fatigat
exercetque cibo delusum guttur inani
proque epulis tenues nequiquam devorat auras.
ut vero est expulsa quies, furit ardor edendi,
perque avidas fauces inmensaque viscera regnat.
nec mora, quod pontus, quod terra, quod educat aër.
poscit et adpositis queritur ieiunia mensis,
inque epulis epulas quaerit, quodque urbibus esse
quodque satis poterat populo, non sufficit uni,
plusque cupit, quo plura suam demittit in alvum.
utque fretum recipit de tota flumina terra
nec satiatur aquis peregrinosque ebibit amnes,
utque rapax ignis non umquam alimenta recusat
innumerasque trabes cremat et, quo copia maior
est data, plura petit turbaque voracior ipsa est:
sic epulas omnes Erysichthonis ora profani
accipiunt, poscuntque simul; cibus omnis in illo
causa cibi est, semperque locus fit inanis edendo.

Iamque fame patrias altaque voragine ventris
attenuarat opes; sed inattenuata manebat
tum quoque dira fames, inplacataeque vigebat
flamma gulae. tandem, demisso in viscera censu,
filia restabat, non illo digna parente.
hanc quoque vendit inops: dominum generosa recusat
et vicina suas tendens super aequora palmas
»eripe me domino, qui raptae praemia nobis
virginitatis habes« ait: haec Neptunus habebat.
qui prece non spreta, quamvis modo visa sequenti
esset ero, formamque novat vultumque virilem

Friedlicher Schlummer umfächelt bisher Erysichthon mit sanftem
Fittich. Aber schon im Traum verlangt er nach Nahrung,
regt seine leeren Kiefer, ermüdet den Zahn an den Zähnen,
quält mit nichtiger Speise umsonst die betrogene Kehle,
schlingt an der Mahlzeit statt die flüchtigen Lüfte hinunter.
Aber als dann der Schlummer verscheucht, da raste die Eßgier,
herrschte im gierigen Schlund und den unermeßnen Geweiden.
Ohne Verzug verlangt er, was Meer, was Erde, was Luftreich
liefern und klagt an gedecktem Tisch, ihn quäle der Hunger.
Speisend fragt er nach Speise, und was einer Stadt, einem ganzen
Volk hätte können genügen, es reicht nicht aus für den Einen.
Ja, je mehr in den Bauch er versenkt, desto mehr nur begehrt er,
und, wie das Meer die Ströme der ganzen Erde empfängt und
nie sich des Wassers ersättigt, die fernsten Flüsse noch austrinkt,
und, wie das raffende Feuer niemals eine Speise zurückweist,
nicht zu zählende Scheite verbrennt, und je mehr du ihm bietest,
desto mehr nur verlangt und gefräßiger wird in der Fülle,
so empfängt und heischt zugleich Erysichthons, des Frevlers,
Schlund ein jedes Mahl. Ihm wird ein jegliches Essen
Grund zu essen, und stets wird leer von Speisen die Tafel.

Hungernd hatte er schon in Bauches Abgrund des Vaters
Reichtum schwinden gemacht. Doch nimmer schwindend, der Hunger
blieb, der grausige, doch; in dem unersättlichen Schlunde
brannte es weiter. Als endlich versenkt im Geweid sein Vermögen,
blieb ihm die Tochter allein, die solchen Vaters nicht würdig.
Arm nun, verkauft er auch die. Sie verschmäht einen Herren in edlem
Stolze und ruft, ihre Hände zum nahen Meere erhebend:
»Du entreiß mich dem Herrn, der du einst meines Jungfrauentumes
Blume im Raube gewannst!« – Neptun war's, der sie gewonnen. –
Dieser erhörte ihr Flehn. Noch eben sah sie der Herr, der
hinter ihr ging, da erhielt sie ein anderes Aussehn, ein männlich

induit et cultus pisces capientibus aptos.
hanc dominus spectans »o qui pendentia parvo
aera cibo celas, moderator harundinis«, inquit
»sic mare conpositum, sic sit tibi piscis in unda
credulus et nullos, nisi fixus, sentiat hamos:
quae modo cum vili turbatis veste capillis
litore in hoc steterat (nam stantem in litore vidi),
dic ubi sit; neque enim vestigia longius exstant.«

Illa dei munus bene cedere sensit et a se
se quaeri gaudens, his est resecuta rogantem:
»quisquis es, ignoscas; in nullam lumina partem
gurgite ab hoc flexi studioque operatus inhaesi.
quoque minus dubites, sic has deus aequoris artes
adiuvet, ut nemo iamdudum litore in isto.
me tamen excepto, nec femina constitit ulla.«

Creditit et verso dominus pede pressit harenam
elususque abiit: illi sua reddita forma est.
Ast ubi habere suam transformia corpora sensit,
saepe pater dominis Triopeïda tradit, at illa
nunc equa, nunc ales, modo bos, modo cervus abibat
praebebatque avido non iusta alimenta parenti
vis tamen illa mali postquam consumpserat omnem
materiam dederatque gravi nova pabula morbo,
ipse suos artus lacero divellere morsu
coepit et infelix minuendo corpus alebat.

Antlitz, dazu die Tracht, die Fischefangenden eigen.
Blickend auf sie spricht da der Herr: »Der mit wenigem Fleisch du
hehlst das hangende Erz, du Meister der angelnden Rute,
so sei dir freundlich das Meer und so dir der Fisch in den Wellen
arglos und fühlte erst dann, wenn er fest sich gebissen, den Haken:
Sie, die eben noch hier in schlechtem Kleid mit verwirrten
Haaren am Ufer stand – ich sah sie stehn an dem Ufer –
sag, wo ist sie? Die Spuren, sie führen von hier doch nicht weiter!«

Da erkannte sie wohl, daß die Gabe des Gottes ihr fromme;
froh, nach sich selbst gefragt sich zu sehn, gab dies sie zur Antwort:
»Wer du auch seist, verzeih! Doch habe ich hier von dem Wasser
keinen Blick noch verwandt, voll Eifer vertieft in die Arbeit.
Und, daß du weniger zweifelst: Der Gott des Meeres, er möge
so unterstützen mein Werk, wie niemand seit langem an diesem
Strand – außer mir allein – und gewiß keine Frau ist gestanden.«

Glauben schenkt ihr der Herr, kehrt um und stapfte betrogen
fort durch den Sand – und sie erhielt ihr eigenes Aussehn.

Doch als der Vater erkannt, daß der Leib seiner Tochter verwandlungsfähig
geworden, verkauft er sie oft an Herren: als Stute
einmal und dann als Rind, als Hirsch, als Vogel vergeben,
schaffte betrüglich sie so dem gierenden Vater die Nahrung.
Aber, als allen Stoff die Gewalt seines Übels verzehrt und
doch nur neue Nahrung der schrecklichen Krankheit gegeben,
fing er mit Bissen an zu zerfleischen die eigenen Glieder,
und der Unselige nährt seinen Leib, indem er ihn aufzehrt.

* Publius Ovidius Naso: Metamorphosen, übertragen von Erich Rösch, Darmstadt 1977, S. 312–319

Die Sage vom Königssohn Erysichthon nach Pierre de Ronsard*

Contre les Bûcherons de la Forêt de Gâtine

Quiconque aura premier la main embesognée
A te couper, forêt, d'une dure cognée,
Qu'il puisse s'enferrer de son propre bâton,
Et sente en l'estomac la faim d'Erisichton,
Qui coupa de Cérès le chêne vénérable,
Er qui, gourmand de tout, de tout insatiable,
Les bœufs et les moutons de sa mère égorgea,
Puis, pressé de la faim, soi-même se mangea.
Ainsi puisse engloutir ses rentes et sa terre,
Et se dévore après par les dents de la guerre!
Qu'il puisse, pour venger le sang de nos forêts,
Toujours nouveaux emprunts sur nouveaux intérêts
Devoir à l'usurier, et qu'enfin il consomme
Tout son bien à payer la principale somme!
Que, toujours sans repos, ne fasse en son cerveau
Que tramer pour néant quelque dessein nouveau,
Porté d'impatience et de fureur diverse
Et de mauvais conseil qui les hommes renverse!
Écoute, bûcheron, arrête un peu le bras,
Ce ne sont pas des bois que tu jettes à bas;
Ne vois-tu pas le sang, lequel dégoutte à force
Des Nymphes qui vivaient dessous la dure écorce?
Sacrilège meurtrier, si on pend un voleur
Pour piller un butin de bien peu de valeur,
Combien de feux, de fers, de morts et de détresses
Mérites-tu, méchant, pour tuer nos Déesses?
Forêt, haute maison des oiseaux bocagers!
Plus le cerf solitaire et les chevreuils légers
Ne paîtront sous ton ombre, et ta verte crinière
Plus du soleil d'été ne rompra la lumière.
Plus l'amoureux pasteur sur un tronc adossé,
Enflant son flageolet à quatre trous percé,

Gegen die Holzfäller im Wald von Gâtine

Wer einst als erster sich des Frevels unterfängt,
Daß er dich, hoher Wald, mit hartem Beil bedrängt,
Den soll sein eigner Stab mit scharfem Stahl aufspießen,
Und Erysichthon gleich soll er den Hunger büßen,
Der am geweihtem Baum der Ceres sich vergangen,
Der danach, ungestillt in rasendem Verlangen,
Die Herden allesamt, so Rind wie Lamm, verheerte
Und sich, vor Hunger toll, am Ende selbst verzehrte.
Er soll zuerst die Pacht, soll dann sein Land verprassen,
Und in der Schlacht soll er zuletzt sein Leben lassen.
Er soll, auf daß der Wald gerächt sei für sein Blut,
Auf immer neuen Zins stets neugeborgtes Gut
Dem Gläubiger schuldig sein und schließlich alle Habe
Aufbrauchen, daß er nur die Schuld beglichen habe.
Er soll, stets ruhelos, sich einzig damit quälen,
In seinem Hirn umsonst wohl Plan um Plan zu wählen,
Von Ungeduld gedrängt, von wechselhafter Sucht.
Von trügerischem Rat, der sein Verderben sucht.
So höre, harter Mann, dein Arm, er halte ein!
Was du zu Boden wirfst, es ist nicht Holz allein:
Kannst du das Blut nicht sehn, das unaufhaltsam quillt
Aus rauher Rinde, die der Nymphe Leib verhüllt?
Ruchloser Mörder, sprich: Hat je ein Dieb gehangen,
Weil um geringes Gut er einmal sich vergangen,
Wie viele Feuer dann und Schwerter, Tode, Plagen
Verdienst, Elender, du, der Göttinnen erschlagen?
Wald, den die Vögel sich als hohes Heim erlesen,
In deinem Schatten wird kein hoher Hirsch mehr äsen
Und kein leichtfüßig Reh; dein grüner Lockenkranz,
Nie unterbricht er mehr der Sommersonne Glanz.
Kein Schäfer flötet mehr, in deinem stillen Grunde
An einen Stamm gelehnt, zu Füßen seine Hunde,

Son mâtin à ses pieds, à son flanc la houlette,
Ne dira plus l'ardeur de sa belle Janette;
Tout deviendra muet, Écho sera sans voix;
Tu deviendras campagne, et, en lieu de tes bois,
Dont l'ombrage incertain lentement se remue,
Tu sentiras le soc, le coutre et la charrue;
Tu perdras ton silence, et, haletant d'effroi,
Ni Satyres, ni Pan ne viendront plus chez toi.
Adieu, vieille forêt, le jouet de Zéphyre,
Où premier j'accordai les langues de ma lyre,
Où premier j'entendis les flèches résonner
D'Apollon, qui me vint tout le cœur étonner;
Où premier, admirant la belle Calliope,
Je devins amoureux de sa neuvaine trope,
Quand sa main sur le front cent roses me jeta,
Et de son propre lait Euterpe m'allaita.
Adieu, vieille forêt, adieu, têtes sacrées,
De tableaux et de fleurs autrefois honorées,
Maintenant le dédain des passants altérés,
Qui, brûlés en l'été des rayons éthérés,
Sans plus trouver le frais de tes douces verdures,
Accusent vos meurtriers et leur disent injures.
Adieu, chênes, couronne aux vaillants citoyens,
Arbres de Jupiter, germes Dodonéens,
Qui premiers aux humains donnâtes à repaître;
Peuples vraiment ingrats qui n'ont su reconnaître
Les biens reçus de vous, peuples vraiment grossiers,
De massacrer ainsi leurs pères nourriciers!
Que l'homme est malheureux qui au monde se fie!
O dieux, que véritable est la philosophie,
Qui dit que toute chose à la fin périra,
Et qu'en changeant de forme une autre vêtira!
De Tempé la vallée un jour sera montagne
Et la cime d'Athos une large campagne;
Neptune quelquefois de blé sera couvert:
La matière demeure et la forme se perd.

Den Stecken neben sich, auf seinem schlichten Rohre
Sein liebevolles Lied der schönen Leonore;
Verstummt wird alles sein, das Echo selbst wird schweigen,
Du wirst zum offnen Feld, und statt in deinen Zweigen
Das linde Schattenspiel behaglich zu verspüren.
Hörst du das Pfluggespann sein scharfes Eisen führen.
Die Stille ist dahin, und jählings aufgestört,
Sind weder Faun noch Pan zu dir zurückgekehrt.
Leb wohl, mein alter Wald, von Zephyr stets geliebt,
Wo ich mein Saitenspiel zum erstenmal geübt,
Wo ich zum erstenmal vor Phoebus' Pfeil gezittert,
Da ich ihn schwirren hört, im Herzensgrund erschüttert;
Wo ich zum erstenmal Kalliope erblickte
Und mich zu Liebesglut ihr Neungesang entzückte,
Als sie mir Rosen einst mit eigner Hand geschenkt
Und mit der eignen Milch Euterpe mich getränkt.
Leb wohl, mein alter Wald, lebt wohl, ihr heiligen Kronen,
Euch konnte hoch genug kein Dank, kein Opfer lohnen;
Nun hört ihr euch nicht mehr vom Wanderer geehrt,
Der in des Sommers Brand, von Sonnenglut versehrt,
Umsonst in eurem Grün ersehnte Kühlung sucht,
In Klagen sich ergeht und euren Mördern flucht.
Lebt, Eichen, wohl – den Kranz lieht ihr manch großem Namen,
Ihr Bäume Jupiters, Dodonas heiliger Samen,
Die ihr als erste einst den Menschen Nahrung brachtet,
Dem undankbaren Volk, das so gering nun achtet,
Was es von euch empfing – ein rohes Volk fürwahr,
Den hinzuschlachten, der sein Lebensspender war.
Unglücklich ist der Mensch, vertraut er dieser Welt!
O Götter, ist es wahr, daß der nur Recht behält,
Der lehrt, ein jedes Ding vergehe mit der Zeit
Und tausche die Gestalt, als wäre sie ein Kleid?
Der Tempe weites Tal wird sich zum Berg erheben,
Des Athos Gipfel wird in flache Tiefen streben;
Im Meere wird man einst Getreide reifen sehn.
Der Stoff nur bleibt bewahrt; die Form muß untergehn.

* Pierre de Ronsard: »Contre les Bûcherons de la Forêt de Gâtine« (dt. »Gegen die Holzfäller im Wald von Gâtine«); Übersetzung ins Deutsche von Hanno Helbling in: Friedhelm Kemp, Werner von Koppenfels (Hrsg.), Französische Dichtung, Erster Band, München 1990, S. 182–187

Die Glaubensgemeinschaft der Ökonomen

I

Der »homo oeconomicus« und die »unsichtbare Hand«

Das Menschenbild der herkömmlichen – der klassischen und neoklassischen – Nationalökonomie ist bekanntlich das des »homo oeconomicus«. Dieser verhält sich egoistisch und rational, d.h. er versucht stets, aus den gegebenen (knappen) Mitteln einen maximalen Nutzen für sich herauszuholen.[1] Oder anders ausgedrückt: er läßt sich in vernünftiger Weise durch seine Eigenliebe leiten. Dabei ist es zunächst offen, was unter Eigenliebe zu verstehen ist. In der Regel wird aber angenommen, daß es um die Mehrung des eigenen Einkommens oder des eigenen Vermögens geht.

Die Ökonomen sind sich allerdings bewußt, daß der »homo oeconomicus« eine Abstraktion bzw. ein Konstrukt ist. Man verwendet dieses Konstrukt aber, »als ob« es den wirklichen Menschen repräsentiere, in der Meinung, daß die ökonomischen Zusammenhänge sich mit diesem Konstrukt am besten erklären lassen. Es ermöglicht insbesondere Gesetzmäßigkeiten aufzustellen, weil unter dieser Voraussetzung bei allen Menschen »konsistente Ziele vorliegen und ... es eine Meßlatte für schlechtere und bessere Mittel bei alternativen Verwendungsmöglichkeiten gibt«.[2]

Eine solche Konsistenz ist nicht mehr gegeben, wenn man zugesteht, daß die Menschen altruistische, ethische Ziele verfolgen, allerdings auch nicht, wenn sie andere Motive, wie Ehrgeiz oder Machtgier leiten.[3] »So wird [in der Nationalökonomie] Habgier zu einer ›privilegierten‹ Leidenschaft«.[4]

Diese Erklärung für die Wahl des »homo oeconomicus« als dem Pfeiler, auf den die ökonomische Wissenschaft aufbaut, genügt aber nicht. Eigennützig handeln heißt ja auch, unter Ausnutzung aller legalen Mittel über einen möglichst großen und immer größeren Teil der vorhandenen (knappen) Ressourcen verfügen und dadurch den Anteil, der den anderen übrig bleibt, schmälern zu wollen. Wenn daraus entweder ein Krieg aller gegen alle oder eine dauernde Übervorteilung der (wirtschaftlich) Schwächeren durch die (wirtschaftlich) Stärkeren resultieren würde, dann könnte sich die Nationalökonomie nicht einfach damit begnügen zu schildern, was aus diesem Prozeß des Sich-gegenseitig- oder auch des Einseitig-Schädigens bzw. Einseitig-geschädigt-werdens resultiert. Man könnte zwar sagen, daß die Wissenschaft nur dazu aufgerufen und überhaupt nur dazu befugt ist, »wertfrei« zu erkennen, was geschieht und die Resultate dieses Geschehens zu analysieren. Diese Auffassung würde aber keineswegs dem Anspruch genügen, der allgemein der Wissenschaft gegenüber erhoben wird und für den die Wissenschaftler – notabene – auch von der Öffentlichkeit bezahlt werden, nämlich mit ihren Erkenntnissen zum Wohlergehen der Menschen beizutragen. Sicher wäre also in diesem Fall, d.h. wenn sich aus egoistischen Motiven alle gegenseitig schädigen oder eine dauernde einseitige Schädigung der einen durch die anderen erfolgt, die Nationalökonomie aufgerufen, wissenschaftlich zu untersuchen, wie diese Schädigung begrenzt und das Gemeinwohl gefördert werden kann. Sie müßte insbesondere auch diejenigen Motivationen im Menschen zur Geltung kommen lassen, die nicht auf der Maximierung des Eigennutzens beruhen – unabhängig davon, ob sich dabei ideale Gesetzmäßigkeiten ergeben oder nicht.

Die Reduktion des wirtschaftlichen Menschen auf den »homo oeconomicus« kann sich also nicht (nur) damit begründen lassen, daß sich auf diese Weise elegantere und in sich konsistente Modelle konstruieren lassen. Sie kann sich vielmehr nur durch die Behauptung rechtfertigen, daß das Aufeinanderwirken der vielen Egoismen in der Summe schließlich doch zu einer Förderung des Gemeinwohls und nicht zu einer Schädigung, einer gegenseitigen oder einseitigen Schädigung, führe. In Tat und Wahrheit ist diese Rechtfertigung auch die entscheidende. Sie ist verbunden mit der vom Begründer der klassischen

Nationalökonomie, von Adam Smith, so genannten »unsichtbaren Hand«. Ihr gemäß wird jeder trotz seiner ausschließlich auf den Eigennutz gerichteten Handlungsweise im Endeffekt dazu beitragen, daß nicht nur er, sondern alle – auch die unmittelbar Geschädigten – von seinem eigennützigen Streben, von seiner Habgier profitieren.

Das bedeutet: das Menschenbild des »homo oeconomicus« steht in einem unmittelbaren und notwendigen Zusammenhang mit der »unsichtbaren Hand«. Nur unter der Voraussetzung einer solchen prästabilisierten Harmonie kann die Nationalökonomie von allfälligen altruistischen Regungen abstrahieren. Mögen solche Regungen existieren oder nicht, es ist dann nicht weiter von Belang: die Wirtschaft ist in sich selbst ethisch und kann sich daher in ihrem Selbstverständnis auf die vom Nobelpreisträger Milton Friedman geprägte Formel zurückziehen: »The business of business is business«.[5]

II

Von der Scholastik zur herkömmlichen – klassischen und neoklassischen – Nationalökonomie

Die »unsichtbare Hand«, die den »homo oeconomicus« leitet, ihr Griff oder Zugriff, ist nun genauer zu untersuchen. Wie wird sie begründet? Was steht dahinter?

Wenn wir von Wirtschaft reden, ist die arbeitsteilige Marktwirtschaft gemeint, in der jeder auf der Basis der Eigentumsordnung, welche die primäre Zuordnung der vorhandenen Ressourcen regelt, seine eigenen Interessen verfolgen kann, dabei allerdings auch dem Wettbewerbsdruck allfälliger Konkurrenten ausgesetzt ist.

Die Marktwirtschaft hat sich seit der Antike aus dem ursprünglichen Nebeneinander selbstversorgender Wirtschaftseinheiten entwickelt. Dabei sollten allerdings früher, vor allem im Mittelalter, d.h. in der Ökonomie der Scholastik, in stärkerem Maße ethische Einschränkungen und korrigierende Eingriffe des Staates dafür sorgen, daß auch entgegen den Marktkräften ein »gerechter Preis« und eine gerechte Verteilung des

Sozialprodukts aufrechterhalten oder wiederhergestellt werden. Die Idee der Gerechtigkeit stand jedenfalls im Vordergrund.

Der neueren – jetzt schon herkömmlich genannten – Nationalökonomie, wie sie sich seit dem 18. Jahrhundert entwickelt hat, ging und geht es im Gegensatz dazu darum, die ethischen und paternalistischen Fesseln zu sprengen, welche die freie Entfaltung der Marktkräfte hemmen. Es geht nicht mehr bzw. nur sekundär um Gerechtigkeit. Es geht um Reichtum. Dem pessimistischen Menschenbild der Scholastik, die von einem sündigen Menschen ausgeht, der durch ethische Ansprüche gebändigt und von zu großer Habgier abgehalten werden soll, wird ein optimistisches Bild des Menschen oder besser des Zusammenwirkens der Menschen entgegengestellt. Die Nationalökonomie, die von diesem Menschenbild ausgeht, hat daher einen eindeutig normativen Charakter, nicht weniger als die scholastische Ökonomie, von der sie abweicht. Der Unterschied ist nur: die neuere Nationalökonomie stellt nicht einzelne Postulate auf, also bestimmte Regeln für das Verhalten des *einzelnen Menschen*, mit denen er auf die *rechte* Bahn gebracht werden soll, sie ist vielmehr in toto als ganzes ein Postulat, nämlich das Postulat, alle diese Regeln aufzugeben, um dem Tüchtigen *freie* Bahn zu schaffen. Dies gilt dann *im ganzen* als die rechte Bahn. Aus dem Reichtum folgt sozusagen von allein die Gerechtigkeit: Wenn mehr da ist, kann auch mehr verteilt werden!

Dabei argumentiert die Nationalökonomie folgendermaßen: wenn jeder seine eigenen Interessen verfolgt, wird er rational, d. h. sparsam mit den ihm zur Verfügung stehenden (knappen) Ressourcen umgehen und stets versuchen, die Produktivität seiner Arbeit bzw. der von ihm beschäftigten Arbeiter, des ersparten Kapitals bzw. des ihm eigenen Bodens zu erhöhen, um billiger verkaufen zu können und so im Wettbewerb zu bestehen. Davon profitiert in Zusammenhang mit dem Gesetz von Angebot und Nachfrage – d. h. über das erhöhte Angebot, das zu niedrigeren Preisen und damit zu größerer Nachfrage führt – nicht nur der Einzelne, sondern die Allgemeinheit. Das Sozialprodukt wächst, der Kuchen wird größer. So kann jeder Kuchenteil *absolut* wachsen, auch wenn jeder versucht, im freien Wettbewerb seinen *Prozentanteil* zu erhöhen. Umgekehrt wird man mit marktgängigen Gütern, die knapp bleiben oder knapp werden, haushälterisch umgehen, weil sie (relativ) im Preis steigen. Dadurch wird Verschwendung verhindert. Auch dies führt zu einem möglichst hohen Sozialprodukt. Generell heißt dies: die Zuteilung der knappen Ressourcen, bzw. der knappen Güter gemäß der Durchsetzung individueller Präferenzen über den Markt, ist die effizienteste Art der Zuteilung. Effizienz gilt, weil sie potentiell allen einen Vorteil verschafft, an sich als ethisch.

Immerhin wird in der Nationalökonomie ein gewisser Vorbehalt gegenüber einem rein egoistischen Streben gemacht: derjenige, der im Wettbewerb vorankommen will, soll – bildlich gesprochen – versuchen, als erster ans Ziel zu gelangen, aber nicht, indem er anderen ein Bein stellt, sondern nur indem er schneller läuft als der andere. Das bedeutet: unlauterer Wettbewerb ist verpönt. Insoweit wird ein ethischer Grundkonsens vorausgesetzt, der aber in der Regel als selbstverständlich erscheint und nur am Rande thematisiert wird. Außerdem sollen auch diejenigen, die unverschuldet Not leiden – die Invaliden, Witwen und Waisen – versorgt werden. Das war früher Sache der Almosen, heute der Sozialpolitik, nicht eigentlich Sache der Ökonomie. Diese soll sich – dies sei nochmals betont – möglichst ungehindert entwickeln.

Dieses Postulat war – wie wir wissen – außerordentlich erfolgreich im Sinne der allgemeinen Steigerung des Wohlstands. Seine Durchsetzung hat aber aufgrund der dafür nötigen Ansammlung von Kapitalien in den weltwirtschaftlichen Zentren und der massiven Nutzung von Rohstoffen und Energie zu großen Ungleichgewichten und Konflikten geführt. Diese haben im 19. Jahrhundert vor allem die sozialen und im 20. Jahrhundert die Entwicklungsprobleme, sowie die fortschreitende ökologische Krise mitverursacht. Es besteht also durchaus immer wieder Anlaß, das Postulat trotz seiner Erfolge zu überprüfen. Die wichtigsten Ansatzpunkte der Kritik sind dabei – abgesehen von den Marktunvollkommenheiten – die zufällige, ungleiche und in diesem Sinne »ungerechte« Ausgangsverteilung des Eigentums sowie die Tatsache, daß nur für private Güter, die von jemand in Eigentum genommen werden können, ein Preis verlangt werden kann. Nur für diese Güter ist daher eine effiziente Zuteilung über den Markt möglich; die Natur bzw. die Umwelt als öffentliches Gut ist im wesentlichen davon ausgeschlossen.[6]

Trotz der Kritik konnte sich die Idee der »unsichtbaren Hand« und des auf dieser Idee aufbauenden Postulats vom freien Wettbewerb der »homines oeconomici« durchsetzen. Ihre normative Kraft war so stark, daß die darauf gegründete klassische Nationalökonomie die scholastische Ökonomie mit ihrem Postulat der »gerechten Ordnung« weitgehend verdrängt hat. Wie war dies möglich? Hinter der scholastischen Ökonomie steht die christliche Religion. Die hinter der Idee der »unsichtbaren Hand« stehende Überzeugung muß also von (mindestens) gleicher Bedeutung und gleichem Gewicht sein wie die christliche Religion. Welche Überzeugung ist dies?

III

Der »Glaube« von Adam Smith: die Stoa

Um diese Frage zu beantworten, möchte ich von demjenigen Ökonomen ausgehen, der den »homo oeconomicus« am deutlichsten in Zusammenhang gestellt hat mit der »unsichtbaren Hand«, nämlich dem Erfinder dieses Begriffs selbst: Adam Smith (1723–1790).

Adam Smith führt den Begriff der »unsichtbaren Hand« in seiner »Theorie der ethischen Gefühle« ein, um deutlich zu machen, daß eine gerechte, d. h. gleichmäßige Verteilung des Bodens nicht nötig ist, denn seiner Auffassung nach sind die Armen, die bei der Verteilung des Bodens zu kurz gekommen sind, als Konsumenten fast ebenso gut gestellt wie die Reichen. Im Wortlaut heißt es:

> Die Reichen verzehren wenig mehr als die Armen; trotz ihrer natürlichen Selbstsucht und Raubgier und obwohl sie nur ihre eigene Bequemlichkeit im Auge haben, obwohl der

> einzige Zweck, welchen sie durch die Arbeit all der Tausende, die sie beschäftigen, erreichen wollen, die Befriedigung ihrer eigenen eitlen und unersättlichen Begierden ist, trotzdem teilen sie doch mit den Armen den Ertrag aller Verbesserungen, die sie in der Landwirtschaft einführen. Von einer *unsichtbaren Hand* werden sie dahin geführt, beinahe die gleiche Verteilung der zum Leben notwendigen Güter zu verwirklichen, die zustandegekommen wäre, wenn die Erde zu gleichen Teilen unter alle ihre Bewohner verteilt worden wäre.[7]

Das Interessante ist, daß der eigennützige Besitzer – der »homo oeconomicus« – in diesem Zusammenhang mit Aussagen bedacht wird, die den Eigennutz geradezu als böse qualifizieren. Smith spricht von »Selbstsucht und Raubgier«, sowie von der Befriedigung »eitler und unersättlicher Begierden«, kurz von der Habgier, die in der scholastischen Lehre als eine Hauptsünde, somit als böse gilt. Er weicht also der negativen Qualifizierung des Eigennutzes nicht etwa dadurch aus, daß er ihn als bloss rationales Verhalten moralisch neutralisiert.

Er begründet die Wirksamkeit der unsichtbaren Hand damit, daß die reichen Gutsbesitzer nicht beliebig viel essen können und sie daher notgedrungen den Ärmeren den größeren Teil einer landwirtschaftlichen Mehrproduktion überlassen müssen. »Das Fassungsvermögen des grundherrlichen Magens« stehe, so schreibt er, »in keinem Verhältnis zu der maßlosen Größe seiner Begierde«.[8] Dieses Argument ist natürlich richtig, trotzdem kann es allein nicht überzeugen, denn es vernachlässigt die Tatsache, daß das »wenig mehr« über Überleben und Verhungern entscheiden kann und im 18. Jahrhundert auch in vielen Fällen darüber entschied. Damals begann auch die Bevölkerung bereits zu steigen, so daß eine Mehrproduktion von Getreide allein schon deswegen nötig wurde, um mehr Mägen zu ernähren, nicht um die Differenz von Arm und Reich auszugleichen. Vor diesem Hintergrund konnte die Behauptung, daß unabhängig von den Besitzverhältnissen »beinahe eine gleiche Verteilung der zum Leben notwendigen Dinge« zustande komme, geradezu zynisch erscheinen. Wenn sie Adam Smith trotzdem offensichtlich guten Gewissens vortrug, mußte er daher noch eine andere Quelle für seine Überzeugung haben als den Hinweis auf die Beschränktheit des grundherrlichen Magens! Ich behaupte: diese Quelle ist die *Philosophie der Stoa*, welche die Bedeutung von Gut und Böse durch den Glauben an eine Welt- oder All-Vernunft relativiert und damit die eigentliche Alternative zum Christentum war und ist. Die Stoa war über fünfhundert Jahre – von ca. 200 Jahre vor Christi Geburt bis 300 Jahre danach – die Weltanschauung der gebildeten römischen Bürger. Sie gab mit ihrer universalen Ausrichtung – eben der Vorstellung einer allgemeinen Welt- oder All-Vernunft und der von ihr geschaffenen Ordnungsidee, die für alle Orte und alle Zeiten gilt – eine Rechtfertigung für die Expansionsbestrebungen des damaligen römischen Imperiums, die auf der Basis der Marktwirtschaft erfolgten.[9] Sie war außerdem – was die Rechtfertigung erleichterte – in ihrem Grundgehalt optimistisch, indem sie schon damals eine Vorstellung entwickelte, die der »unsichtbaren Hand« von Adam Smith entspricht. Diesem Optimismus trat das Christentum unter der Führung Augustins mit der pessimistischen Idee der Erbsünde entgegen, die nur durch Christus überwunden werden kann. Die christliche Lehre gründet auf einem im weltlichen Bereich unauflöslichen Gegensatz von Gut und Böse. Das Christentum hatte zwar im Kampf mit der Stoa Teile der stoischen Lehre übernommen. Diese hat sich aber seit dem 17. Jahrhundert wieder selbständig gemacht unter dem Titel des Deismus, der Aufklärung und des Fortschrittsglaubens, im Zusammenhang mit einem Wiederaufleben des Optimismus.[10] Die »unsichtbare Hand« von Adam Smith auf der Basis des »homo oeconomicus« bzw. der Eigenliebe ist nichts anderes als die ökonomische Formulierung dieses Optimismus.

Die Behauptung von der stoischen Grundlage des Postulats Adam Smiths ist nun zu begründen. Bei Epiktet (50 – ca. 140 n.Chr.), dem Hauptvertreter der späteren Stoa, den er in seiner »Theorie der ethischen Gefühle« oft zitiert, konnte Adam Smith lesen:

> Heißt das nicht, aus Eigenliebe handeln? Ist doch so die Natur jedes Wesens; es tut alles mit Rücksicht auf sich selbst. Zeus [hat aber gleichzeitig] die Natur der vernünftigen Wesen so eingerichtet, daß sie keins der ihnen eigentümlichen Güter [keinen Reichtum] erlangen können, wenn sie nicht zugleich etwas zum allgemeinen Nutzen beitragen. *Daher ist es auch keine Sünde wider das Gemeinwohl, wenn man alles um seiner selbst willen [aus Eigenliebe] tut.*[11]

Adam Smith formuliert in der »Theorie der ethischen Gefühle« die stoische Position noch prononcierter:

> Die alten Stoiker waren der Meinung, daß wir – da die Welt durch die alles regelnde Vorsehung eines weisen, mächtigen und gütigen Gottes beherrscht werde – jedes einzelne Ereignis als notwendigen Teil des Weltplanes betrachten sollen, als etwas, das die Tendenz habe, die allgemeine Ordnung und Glückseligkeit des Ganzen zu fördern: daß darum das Laster und die Torheiten der Menschen einen ebenso notwendigen Teil des Planes bilden, wie ihre Weisheit und Tugend; und daß sie durch jene ewige Kunst, *die Gutes aus Bösem schafft*, dazu bestimmt seien, in gleicher Weise für das Gedeihen und die Vollendung des großen Systems der Natur [der Vernunft] zu wirken.[12]

Die »unsichtbare Hand« wird hier »die ewige Kunst« genannt, »die Gutes aus Bösem schafft«. In der Sprache der Stoa heißt sie Zeus, oder an anderer Stelle der Logos, d.h. die Welt- oder All-Vernunft, gemäß der die Welt so geschaffen ist, daß sie sich trotz allfälliger Unvernunft der Menschen in vernünftigen Bahnen entwickelt, wenn man sich nur von den den Menschen gemäßen Natur- d.h. Vernunftgesetzen leiten läßt. Dieser Logos – wie es Adam Smith selbst ausspricht – ist »Gott«, ein »weiser, mächtiger und gütiger Gott«.

In diesem Zusammenhang ist interessant, daß Adam Smith in der sechsten – der ersten überarbeiteten – Auflage seiner »Theorie der ethischen Gefühle« nicht nur alle früheren Hinweise auf das Christentum gestrichen hat, sondern daß er auch seinem todkranken Freund David Hume die Bitte verweigerte, dessen letzte Schrift herauszugeben, die einen atheistischen Standpunkt vertrat. Adam Smith war gläubig, allerdings nicht im Sinne des Christentums, sondern eben im Sinne der Stoa! Darum strich er nicht nur alle christlichen Bezüge in seinem Werk, sondern lehnte auch die Herausgabe einer atheistischen Schrift ab.

Was ist die Konsequenz dieser Feststellung? Nichts anderes als daß die ökonomische Wissenschaft, soweit sie sich ausdrücklich oder stillschweigend auf den »homo oeconomicus« und die »unsichtbare Hand« beruft, auf der Stoa gründet. Alle Ökonomen, die ihre Wissenschaft in diesem Sinne verstehen, bilden daher eine stoische Glaubensgemeinschaft und sind somit auch eine Werturteilsgemeinschaft par exellence. Auf dem stoischen Glauben – auf diesem, ich wiederhole es, optimistischen Glauben – beruht auch die große normative Kraft der ökonomischen Gesetze, die, wie vor allem das Gesetz von Angebot und Nachfrage, als Vernunft- oder Naturgesetze gelten und deswegen unabhängig von ihrer konkreten Wirksamkeit bzw. Gültigkeit im einzelnen generell »geglaubt«, d.h. wegen ihrer »Evidenz« für wahr gehalten werden (müssen).

IV

Die »unsichtbare Hand« des Mephistopheles

Der Konflikt zwischen Christentum und Stoa wird erhellt durch eine bemerkenswerte Stellungnahme zum »homo oeconomicus« und zur »unsichtbaren Hand«, die, obwohl die entsprechende Aussage von einem berühmten Autor stammt und oft zitiert wird, bisher doch nicht als eine solche Stellungnahme erkannt wurde. Es handelt sich um zwei Verse im »Faust« von Goethe. Dabei geht es um die Antwort des Mephistopheles auf die Frage nach seinem Wesen. Faust fragt Mephistopheles, nachdem dieser sich gerade als »des Pudels Kern« entpuppt hat, wer er sei. Es ist die »Kern«-Frage!

Mephistopheles erste Antwort auf die Frage Faust's lautet:

Ich bin ein Teil von jener Kraft,
Die stets das Böse will, und stets das Gute schafft.

Denken wir daran, daß Adam Smith bei der Schilderung der Stoa von jener »ewigen Kunst« spricht, »die Gutes aus Bösem schafft«. Die Übereinstimmung ist frappant! Obwohl bisher nicht gesichert ist, daß Goethe »Die Theorie der ethischen Gefühle« Adam Smiths gelesen hat, so ist dies doch sehr wahrscheinlich, da er dessen späteres Werk »Der Reichtum der Nationen« bestimmt kannte, und die »Theorie der ethischen Gefühle« auch in Deutschland verbreitet war. Lessing zitiert sie in seinem »Laokoon«. Vor allem Kant nimmt auf sie Bezug.[13] Aber unabhängig von der Beantwortung der Frage, ob Goethe die »Theorie der ethischen Gefühle« selber gelesen hat oder ob die Idee der »unsichtbaren Hand« sozusagen in der Luft lag, hat Goethe in der Sache zweifellos die Adam Smithsche bzw. stoische Position im Auge.

Wie ist nun die Aussage des Mephistopheles zu deuten? Was will Goethe damit sagen? Stimmt er ihr zu oder nicht? Auf der einen Seite leuchtet die Antwort des Mephistopheles unmittelbar ein. Es scheint durchaus richtig, daß der Mensch das Böse als einen Stachel braucht, um sich zu bewähren, daß auch, um im ökonomischen Bereich zu bleiben, Konkurrenz nötig ist – die Konkurrenz des egoistischen Mitbewerbers, der den anderen unterbieten und aus dem Markt drängen will –, damit alle sich anstrengen und so einen Produktionsfortschritt verwirklichen, der schließlich allen zugute kommt.

Ist also die Aussage des Mephistopheles von Goethe genau so gemeint, wie sie gesagt worden ist? Stimmt er ihr also zu? Wenn ja, verharmlost dann aber Goethe nicht das Böse? Erhart Kästner, der große Griechenlandfahrer, befürchtet es. In seinem Buch »Aufstand der Dinge« schreibt er: »Der großmächtige, der allgegenwärtige Böse, von ihm will Neuzeit nichts wissen. Daß Neuzeit verlernt hat, an den Bösen zu glauben, das beginnt … bei Goethes Mephisto. Mephisto, ein Teil von jener Kraft, die stets das Böse will, und doch das Gute schafft? So ungefährlich der Teufel? So unschädlich? So gemütlich? So kollegial umgänglich? So anregend? So lustig? Mephisto, Großmeister des selbstvergessenen Bösen?«[14]

Kästner und mit ihm viele, die diese Aussage des Teufels wörtlich nehmen, verkennen das wichtige Stilmittel Goethes im »Faust«: die Ironie. Man darf ja nicht vergessen, wer diese Aussage macht: der Teufel selbst!

Wenn man dies wahrnimmt, dann muß die Selbstdarstellung des Mephistopheles auch als ein besonders schlauer Trick verstanden werden, mit dem der Teufel die Menschen ins Verderben führen will. Denn wenn die Menschen auf seine Worte hereinfallen, dann glauben sie, daß sie sich nicht mehr für das Gute anstrengen müssen, und sie werden umso bedenkenloser den Sünden und dem Egoismus verfallen. So hat er ein leichtes Spiel. Die Aussage Mephistopheles' steht jedenfalls in direktem Widerspruch zur christlichen Lehre, die dem Menschen gebietet: du sollst Gutes tun und das Böse meiden! Insofern der Teufel selbst eine Gestalt der christlichen Religion ist, muß man auch beachten, daß in ihr der Teufel als »Durcheinanderwerfer« (Diabolus), als der große Verführer und Täuscher geschildert wird.

Man muß auch bedenken, daß, wenn es dem Teufel ernst sein würde mit seiner Aussage, wenn sie also nicht (auch) ironisch gemeint wäre, er sich ja selbst aufgeben müßte; denn dann wären alle seine Anstrengungen, weil doch immer nur das Gute resultiert, umsonst. Dies ist aber offensichtlich nicht seine Meinung. Denn Mephistopheles bekennt auf die zweite Frage des Faust, wie die erste Antwort zu verstehen sei, daß er den letzten Zweck des Bösen wirklich erreichen will, nämlich die Zerstörung und Vernichtung:

> Ich bin der Geist, der stets verneint!
> Und das mit Recht; denn alles, was entsteht,
> Ist wert, daß es zugrunde geht;
> Drum besser wär's, daß nichts entstünde.
> So ist denn alles, was ihr Sünde,
> Zerstörung, kurz das Böse nennt,
> Mein eigentliches Element.

Und so wirkt sich der Pakt Fausts mit Mephistopheles auch im Drama aus: Im ersten Teil kommt es zur Gretchen-Tragödie, im zweiten Teil werden, exemplifiziert am alten Paar Philemon und Baucis, diejenigen mit Mord und Brandstiftung vernichtet, die sich den wirtschaftlichen Plänen Fausts, wenn auch nur passiv, entgegenstellen. Von einer »prästabilisierten Harmonie« im Sinne der »unsichtbaren Hand« ist hier jedenfalls keine Rede.[15]

V

Die Ergänzung der unsichtbaren durch die sichtbare Hand

Goethes eigene Position läßt sich allerdings nur vollständig erfassen, wenn wir auch den Roman »Wilhelm Meisters Wanderjahre« zu Rate ziehen. In ihm finden wir eine Formulierung der »unsichtbaren Hand«, die sich in gewisser Weise an Adam Smiths Umschreibung in der »Theorie der ethischen Gefühle« anlehnt, diesmal mit positiver Bewertung. Dabei werden allerdings nicht die »Reichen« und die »Armen« miteinander konfrontiert, sondern die »Konservativen«, die an ihrem altangestammten Besitz hängen, und die »Fortschrittlichen«, die alles in neue und produktive Bewegung bringen. Es heißt in Goethes Roman:

> Gewohnheit, jugendliche Eindrücke, Achtung für Vorfahren, Abneigung gegen den Nachbar und hunderterlei Dinge sind es, die den Besitzer starr und gegen jede Veränderung widerwillig machen. Je älter dergleichen Zustände sind, je verflochtener, je geteilter, desto schwieriger wird es, das Allgemeine durchzuführen, das, indem es dem Einzelnen etwas nähme, dem Ganzen und *durch Rück- und Mitwirkung* auch jenem wieder unerwartet zugute käme.[16]

Die hier erwähnte »Rück- und Mitwirkung« hat deutlich den Charakter der »unsichtbaren Hand«. Durch die Rück- und Mitwirkung werden die privaten Schäden geheilt, mit denen für einen Teil der Bevölkerung zuerst bei der neuen Mobilität zu rechnen ist. Die Schäden werden schließlich sogar in Gewinne verwandelt!

Der Egoismus, bzw. das Streben nach Eigennutz, ist aber –

und das ist entscheidend – bei Goethe von vornherein als – so könnte man sagen – »aufgeklärter« oder »gemäßigter« Egoismus zu verstehen, der immer auch die allgemeinen Zwecke im Auge hat, und dessen Sinn im »Streben nach Meisterschaft« besteht.

Programmatisch wird das Postulat aufgestellt:

> Jede Art von Besitz soll der Mensch festhalten, er soll sich zum Mittelpunkt machen, von dem das Gemeingut ausgehen kann; er muß Egoist sein, um nicht Egoist zu werden, zusammenhalten, damit er spenden könne.[17]

Dieses Postulat wird zusammengefaßt in den Worten »Besitz *und* Gemeingut«. Die Präzisierung dieses Wortes zeigt, daß Goethe dem Streben nach Eigennutz von vornherein eine ethische Komponente einbaut: die unsichtbare soll durch eine *sichtbare Hand* ergänzt werden! Sonst könnte – so muß man unter Einbezug des »Faust« hinzufügen – die zweite Version der Selbstdarstellung Mephistopheles', die Zerstörung, rasch Realität werden.

Was der Slogan »Besitz und Gemeingut« heißen soll, wird durch die Handlungsweise eines Gutsbesitzers in »Wilhelm Meister« verdeutlicht. Dieser rechtfertigt sich, nachdem ihm vorgeworfen wurde, daß ihm seine Güter nicht so viel einbringen, wie sie könnten, mit folgender Erklärung:

> Das Mindere der Einnahme betracht' ich als Ausgabe, die mir Vergnügen macht, indem ich andern dadurch das Leben erleichtere; ich habe nicht einmal die Mühe, daß diese Spende durch mich durchgeht, und so setzt sich alles wieder ins Gleiche.[18]

Was heißt das? Der Gutsbesitzer holt nicht den maximalen Ertrag aus seinem Land, weil er Pächter duldet, die nicht zu den effizientesten Landwirten gehören. Er könnte nun den Pächtern kündigen, sie dadurch in Not bringen, zur Arbeitslosigkeit und Armut verurteilen, aber aus den gesteigerten Einnahmen einen Betrag für die Sozialhilfe bzw. die Armenunterstützung, abzweigen. Er geht aber den anderen Weg, indem er – immer unter Aufrechterhaltung einer genügenden Rentabilität – auch weniger effiziente Pächter bei sich behält, und so »das Mindere der Einnahmen als Ausgabe« betrachtet. Beides »setzt sich ins Gleiche«, d.h. in beiden Fällen ist die Bilanz ausgeglichen: höhere Einnahmen *und* höhere Ausgaben für die Sozialhilfe *oder* geringere Einnahmen *und* geringere Ausgaben für die Sozialhilfe. Der zweite Weg ist gemäß Goethe die ethisch bessere Lösung, weil sie schon die Entstehung von Armut und Not verhindert.

Dieses Postulat läßt sich auch – das sei in Paranthese erwähnt – auf die Umwelt übertragen: Die Vermeidung von Umweltverschmutzung ist der Verschmutzung und den anschließenden – notwendigerweise unvollkommenen – Versuchen zur nachträglichen Umweltreinigung mit einem zusätzlichen finanziellen Aufwand vorzuziehen. Man hat dann zwar geringeren Ertrag, aber auch geringere Kosten. Vor allem aber wird die Umwelt besser geschützt.

Mit seinen ethischen Postulaten geht Goethe eindeutig über Adam Smith hinaus. Auch bei diesem ist es zwar, insbesondere wenn wir die »Theorie der ethischen Gefühle« als Ergänzung zum »Reichtum der Nationen« gelten lassen, verboten, den Eigennutz durchzusetzen, indem man dem anderen direkt Schaden zufügt. Man soll ihm kein Bein stellen! Adam Smith will keinen unlauteren Wettbewerb.[19] Er fordert auch bestimmte Tugenden, wie vor allem diejenige der (stoischen) Selbstbeherrschung.[20] Aber Goethe will mehr. Er will den aktiven Einsatz für die Gemeinschaft. Überall dort, wo der Markt ein Defizit aufweist, muß durch gemeinsame Anstrengungen versucht werden, im Rahmen der Wirtschaft selbst dieses Defizit zu mindern, auch unter Opferung des Strebens nach unbedingter Nutzen- und Gewinnmaximierung.

VI

Die Notwendigkeit der Ethik

Dieses ethische Postulat ist von größerer Bedeutung als es auf den ersten Blick erscheint. Um es zu erhärten, komme ich nochmals auf die »unsichtbare Hand« Adam Smiths zurück, diesmal aber aufgrund der Formulierung im »Reichtum der Nationen«. Hier heißt es:

> Wenn daher jeder einzelne soviel wie nur möglich danach trachtet, sein Kapital zur Unterstützung der einheimischen Erwerbstätigkeit einzusetzen und dadurch diese so lenkt, daß ihr Ertrag den höchsten Wertzuwachs erwarten läßt, dann bemüht sich auch jeder einzelne ganz zwangsläufig, daß das Volkseinkommen im Jahr so groß wie möglich werden wird. Tatsächlich fördert er in der Regel nicht bewußt das Allgemeinwohl, noch weiß er, wie hoch der eigene Beitrag ist. Wenn er es vorzieht, die nationale Wirtschaft anstatt die ausländische zu unterstützen, denkt er eigentlich nur an die eigene Sicherheit und wenn er dadurch die Erwerbstätigkeit so fördert, daß ihr Ertrag den höchsten Wert erzielen kann, strebt er lediglich nach eigenem Gewinn. Und er wird in diesem wie auch in vielen anderen Fällen *von einer unsichtbaren Hand* geleitet, um einen Zweck zu fördern, den zu erfüllen er in keiner Weise beabsichtigt hat. Auch für das Land selbst ist es keineswegs immer das schlechteste, daß der einzelne ein solches Ziel nicht bewußt anstrebt, ja, gerade dadurch, daß er das eigene Interesse verfolgt, fördert er häufig das der Gesellschaft nachhaltiger, als wenn er wirklich beabsichtigt, es zu tun. Alle, die jemals vorgaben, ihre Geschäfte dienten dem Wohl der Allgemeinheit, haben meines Wissens niemals etwas Gutes getan. Und tatsächlich ist es lediglich eine Heuchelei, die unter Kaufleuten nicht weit verbreitet ist, und es genügen schon wenige Worte, um sie davon abzubringen.[21]

Diese Aussage überzeugt zweifellos durch ihre Offenheit und Ehrlichkeit; es ist eine Absage an die Hypokrisie. Das wirkt befreiend. Der wirtschaftende Mensch ist sicher in hohem Ausmaß darauf ausgerichtet, sein eigenes Wohl zu fördern. Das muß man einfach zugeben. Auch Goethe gibt es ja, gemäß obigem Zitat, ausdrücklich zu.

Wie ist es nun aber mit der Wirkungsweise der »unsichtbaren Hand« bestellt? Es ist interessant, daß kaum je nach der Gültigkeit der Argumentation von Adam Smith in diesem Zusammenhang gefragt wird. Dabei ist es ganz offensichtlich: wenn irgendeine Argumentation unrichtig ist bzw. sich als unrichtig erwiesen hat, dann ist es diese. Adam Smith sagt – ich zitiere nochmals –: »Wenn daher jeder einzelne wie nur möglich danach trachtet, sein Kapital zur Unterstützung der einheimischen Tätigkeit einzusetzen, dann bemüht sich auch jeder einzelne ganz zwangsläufig, daß das Volkseinkommen im Jahr so groß wie möglich werden wird. Dies geschieht dadurch, daß er es vorzieht, *die nationale Wirtschaft anstatt die ausländische zu unterstützen.«* Adam Smith geht von einer Hierarchie der Kapitalverwendungen aus. Die Investition im Inland ist der Investition im Außenhandel und diese der Investition im Transithandel aus volkswirtschaftlichen Gründen, also im Gemeininteresse, vorzuziehen. Diese Hierarchie ist zweifellos durch die moralische Beurteilung der wirtschaftlichen Tätigkeiten in der Scholastik vorgeprägt, denn nach ihr ist die binnenwirtschaftlich ausgerichtete Arbeit in Landwirtschaft und Gewerbe weit wertvoller als der notwendigerweise spekulative Groß- und Außenhandel und die (international ausgerichteten) Geldgeschäfte. Adam Smith meint nun, daß wegen der Risiken, die mit der Entfernung vom eigenen Land anwachsen, der Investor vorzugsweise im Inland investiert, sich also von sich aus der genannten Hierarchie der Kapitalverwendung beugen würde.[22]

Hier irrt aber – nicht Goethe, sondern – Adam Smith. Der Reichtum Englands ist nicht in erster Linie durch Arbeit und Sparsamkeit zustande gekommen, wie sie Adam Smith propagierte. Er wurde vielmehr hervorgerufen durch Fremdenergie in Form von Wind, der die Segel der Handelsschiffe blähte und über die Meere führte – der Wind wurde später durch Kohle und dann durch Erdöl ersetzt. Eine weitere Ursache ist die Bildung von Risikokapital in der City of London, dem Zentrum des Außen-, Kolonial- und Transithandels, und der Möglichkeit, dieses Kapital durch Bildung von Banken und durch Papiergeldschöpfung zu vervielfachen. Das bedeutet: Adam Smith hat übersehen, daß es in der Wirtschaft nicht in erster Linie auf Arbeit, sondern vor allem auf Nutzung der Natur und den diese Nutzung ermöglichenden Geist ankommt. Er hat weiter außer acht gelassen, daß die Natur nicht nur in der Landwirtschaft in Form von Boden, sondern als Energie auch im Handel und in der Industrie mitwirkt, und daß der Geist es möglich macht, durch Geldschöpfung und darauf aufbauender Kapitalbildung ein Wachstum der Produktion weit über den Arbeitseinsatz und den Einsatz ersparter Mittel hinaus zu fördern.

Dadurch wurde der »Reichtum der Nationen« weit mehr gesteigert, als es nach den – man muß fast sagen: biederen – Vorstellungen Adam Smiths möglich gewesen wäre. Aber dies hat auch zu den großen Weltproblemen, der Auseinanderentwicklung von reichen und armen Ländern und der Belastung bzw. Zerstörung der Umwelt geführt, die unter den Adam Smithschen Bedingungen, nämlich der Bindung des Reichtums ausschließlich an Arbeit und Sparsamkeit, sich nicht oder mindestens nicht im heutigen Umfang hätten ergeben können.

Angesichts dieser sich stets verstärkenden Weltprobleme kann aber die »unsichtbare Hand« und damit der »homo oeconomicus« nicht als »der Weisheit letzter Schluß« gelten. Wir müssen auf die ethische Reserve, die zweifellos in jedem Menschen *auch* enthalten ist, verstärkt zurückgreifen. »Besitz und Gemeingut« müssen im Goetheschen Sinne stärker ineinander verschränkt werden. Dabei geht es sowohl um die Nutzung der Spielräume, die auch unter dem Gesetz von Angebot und Nachfrage den Teilnehmern am Marktprozeß belassen sind, als auch vor allem darum, diese Spielregeln so zu gestalten, daß die Diskrepanz von Arm und Reich in der Welt reduziert und die Umweltzerstörung vermieden wird, damit nicht nur der »homo oeconomicus«, sondern der *ganze* Mensch gedeihen und bestehen kann. Dies braucht einen ethischen Einsatz, der im von der Stoa geprägten Menschenbild der herkömmlichen Nationalökonomie nicht zu finden ist. Er leitet sich aus Motiven her, die außerhalb der Wirtschaft ihren Ursprung haben.

Chancen und Gefahren der modernen Wirtschaft im Spiegel von Goethes Dichtung

Einleitung

Von allen deutschen Dichtern hat sich Goethe (1749–1832) zweifellos am umfassendsten mit den Fragen der Wirtschaft auseinandergesetzt. Dieses Faktum gründet nicht nur im Umstand, daß sich Goethe als Minister am Weimarer Hof, besonders in den Jahren 1776–1785, intensiv mit finanziellen und wirtschaftlichen Fragen beschäftigen mußte. Die Ursache liegt vor allem in der Erkenntnis Goethes, daß mit der industriellen Revolution ein Zeitalter begonnen hat, das von der Wirtschaft und ihrer Entwicklung dominiert wird. Wer als Dichter dasjenige ins Blickfeld rücken will, was den modernen Menschen in erster Linie prägt und formt, muß ihn daher in wirtschaftlichem Zusammenhang und in der Auseinandersetzung mit der Wirtschaft erfassen und darstellen.[1]

Diese Erkenntnis kommt in erster Linie in den großen Alterswerken Goethes, in »Wilhelm Meisters Wanderjahre«, das 1829 erschienen ist, und im »Faust«, den Goethe 1831 abgeschlossen hat, zur Darstellung. Dabei ist jeweils das eine Werk als Gegenstück des anderen zu verstehen, und zwar im doppelten Sinne der Ergänzung einerseits, des Kontrasts andererseits.[2]

Im folgenden soll gezeigt werden, wie sehr Goethe immer bemüht ist, die wirtschaftlichen Grundlagen der gesellschaftlichen Entwicklung zu erkennen und zu verdeutlichen. Es soll herausgestellt werden, wie sehr er sich auch besonders der Tatsache bewußt ist, daß gerade seine Zeit am Beginn eines Umbruchs und Aufbruchs steht,[3] und daß die daraus folgende Modernisierung der Wirtschaft sowohl große Chancen wie

Gefahren in sich birgt. Aus ihnen folgert er – dies dürfte als Fazit festzuhalten sein – die Notwendigkeit, das freie Spiel der Marktkräfte, die er durchaus als Chance wahrnimmt, durch ethische Postulate zu ergänzen, um die drohenden Gefahren zu mindern.

I
Goethes Realismus

Die Basis der Auseinandersetzung Goethes mit der Wirtschaft bildet ein unmittelbarer Realismus, der sein ganzes Werk prägt. Dieser Realismus bedeutet nicht, daß Goethe im Menschen nicht ein Wesen sieht, das sich ideale Ziele setzen und sie konsequent verfolgen kann. Er bedeutet vielmehr, daß er auch die materiellen Ziele ernstnimmt, die den Menschen eng an die Erde binden. Dazu gehört die Verwurzelung in der Wirtschaft. In einem eher unbekannten Werk wird dieser ökonomische Realismus besonders deutlich. Es handelt sich um das Fragment gebliebene Epos »Achilleis« (1808). Es möge als Beispiel für diese Goethesche Sicht dienen.

In diesem Fragment geht es um den Bau des Grabmals des Achilleus. Der große griechische Held, der Sieger von Troja, weiß, aufgrund einer Prophezeiung, daß er bald sterben muß. So errichtet er ein Grabmal für sich und seinen vor ihm gestorbenen Freund Patroklos. Dabei handelt es sich um ein gewaltiges Werk, um die Anhäufung eines ganzen Hügels hoch über dem Meer, das Hunderte von Arbeitern – es handelt sich um seine Gefolgsleute, die Myrmidonen – beschäftigt. Achilleus schildert seinem Freund Antilochos sein Vorhaben:

> Denn mich soll, vereint mit meinem Freunde Patroklos
> Ehren ein herrlicher Hügel, am hohen Gestade des Meeres
> Aufgerichtet, den Völkern und künftigen Zeiten ein Denkmal.
> Fleißig haben mir schon die rüstigen Myrmidonen
> Rings umgraben den Raum, die Erde warfen sie einwärts,
> Gleichsam schützenden Wall aufführend gegen des Feindes

Andrang. Also umgrenzten den weiten Raum sie geschäftig.
Aber wachsen soll mir das Werk! Ich eile die Scharen
Aufzurufen, die mir noch Erde mit Erde zu häufen
Willig sind, und so vielleicht befördr' ich die Hälfte;
Euer sei die Vollendung, wenn bald mich die Urne gefaßt hat.

Im Hauptteil des Fragments verhandeln die Götter das Schicksal des Achilleus, wohlwissend, daß sie es nicht ändern, die Keren, die Todesgeister, nicht zurückhalten können. Aber die Beschützerin des Achilleus, die Göttin Athene, tritt in Gestalt des Freundes Antilochos zu ihm hin und tröstet ihn über seinen nahen Tod. Es ist herrlicher, jung und ruhmvoll zu sterben als alt und von niemand beachtet:

Allen erhebst du das Herz, als gegenwärtig, und allen
Tapfern verschwindet der Ruhm, sich auf dich Einen vereinend.

Mit diesem Trost ist Achilleus befriedigt. Aber nicht befriedigt sind die Arbeiter, die den großen Grabhügel bauen. Sie werden nicht gesättigt vom Ruhm. Sie haben Hunger, weil der Nachschub nicht funktioniert. Die Schaffner der Schiffe, die unten am Hafen sind und das Brot zu verteilen haben, werden ihrer Aufgabe nicht gerecht. Man muß ihnen daher Beine machen. Und so erklärt Achilleus zu Antilochos/Athene, auf deren Frage, wie sie ihm helfen könne:

Mich zwar reizet der Hunger nicht mehr, noch der Durst, noch ein andres
Erdgebornes Verlangen, zur Feier fröhlicher Stunden;
Aber diesen ist nicht, den treu arbeitenden Männern
In der Mühe selbst der Mühe Labung gegeben ...
Darum eile hinab, mein Freund, und sende des Brotes
Und des Weines genug, damit wir fördern die Arbeit.
Und am Abend soll der Geruch willkommenen Fleisches
Euch entgegendampfen, das erst geschlachtet dahinfiel.

Antilochos/Athene eilt zum Hafen und ruft die für den Nachschub Verantwortlichen auf:

> Auf! ihr Faulen, schaffet sogleich den tätigen Männern,
> Was der Magen bedarf; denn allzuoft nur verkürzt ihr
> Streitendem Volke den schuldigen Lohn verheißener Nahrung,
> Aber, mich dünkt, euch soll des Herrschenden Zorn noch ereilen,
> Der den Krieger nicht her um euretwillen geführt hat.
> Also sprach sie, und jene gehorchten, verdrossenen Herzens,
> Eilend, und schafften die Fülle heraus, die Mäuler beladend.

Mit diesen Worten endet das als Fragment veröffentlichte Epos. Ist es Zufall, daß es Fragment geblieben ist, oder gewinnt es nicht gerade dadurch seinen Wert, daß das realistische Ende der nach den Tod überdauernden Unsterblichkeit des Ruhms das eigentliche Relief verleiht? Das Kunstwerk, das den Ruhm des Helden verewigen soll, ist nur durch einen großen Arbeitseinsatz zu schaffen. Die Arbeiter brauchen aber Nahrung. Ohne diese wird kein Kunstwerk, keine kulturelle Leistung erbracht. Auch die Kultur braucht ihre Logistik! Die wirtschaftliche Basis muß gesichert sein. Dies verkleinert nicht die Bedeutung der ideellen Tat, sondern hebt sie im Gegenteil hervor, weil sie so erst recht als Teil der Wirklichkeit erscheint.

Aber in der neuen Wirtschaft, wie sie Goethe selber erlebt, geht es nicht nur um die Befriedigung materieller Bedürfnisse wie Nahrung, Kleidung, Wohnung usw., sondern es geht mehr und mehr auch und speziell um das Geld – das Geld als der große Schlüssel, der den Zugang zu allen Schätzen der Erde verschafft. Auch dies sieht Goethe deutlich. Schon in seinem 1769 vollendeten Jugenddrama »Die Mitschuldigen« (in dem übrigens zum erstenmal das Thema »Faust« angesprochen wird) stellt er die zentrale Bedeutung des Geldes heraus. In diesem Drama spricht ein Dieb zu sich selbst, mit dem Dietrich in der Hand sich an eine Geld-Schatulle heranschleichend, zu dieser gewendet:

O komm, du Heiligtum! Du Gott in der Schatulle!
Ein König ohne dich ist eine große Nulle.
Habt Dank, ihr Dietriche! Ihr seid der Trost der Welt!
Durch euch erlang ich ihn, den großen Dietrich: Geld.

Goethe hat die herausragende Rolle des Geldes kennengelernt in seiner Vaterstadt Frankfurt, die früher als andere Städte zum Waren- und Marktplatz wurde, in der der Tausch- oder Geldwert der Dinge den Sieg über den – so muß man fast sagen: altmodischen – Gebrauchswert davontrug. Goethe schildert diese Entwicklung anhand der Steigerung der Bodenpreise. Er schreibt in einem Brief an Schiller vom Raum seines

> großväterlichen Hauses, Hofes und Gartens, der aus dem beschränkten, patriarchalischen Zustande, in welchem ein alter Schultheiss von Frankfurt lebte [Goethes Großvater Textor], durch klug unternehmerische Menschen zum nützlichen Waren- und Marktplatz verändert wurde. Die Anstalt ging durch sonderbare Zufälle bei dem Bombardement zugrunde [es handelt sich um das Bombardement der französischen Truppen vor der Einnahme Frankfurts 1796] und ist jetzt, größtenteils als Schutthaufen, noch immer das Doppelte dessen wert, was vor elf Jahren von den gegenwärtigen Besitzern an die Meinigen bezahlt worden. Insofern sich nun denken läßt, daß das Ganze wieder von einem neuen Unternehmer gekauft und hergestellt werde, so sehen Sie leicht, daß es, in mehr als Einem Sinne, als Symbol vieler tausend anderen Fälle, in dieser gewerblichen Stadt, besonders vor meinem Anschauen, dastehen muß.[4]

Tatsächlich ist die Verdoppelung des Tausch- oder Geldwertes eines Hauses, dessen Gebrauchswert – es ist ja nur noch ein Schutthaufen – auf null gesunken ist, besonders bemerkenswert oder – wie sich Goethe ausdrückt – »symbolisch« für das, was in der »gewerbetreibenden Stadt« geschieht: es geht um die Verwandlung aller Güter – auch der Häuser und Grundstücke – in verkäufliche Waren. In den gleichzeitig verfaßten Reisenotizen Goethes heißt es daher:

> Der Frankfurter, bei dem alles Ware ist, sollte sein Haus niemals anders als Ware betrachten.[5]

Der »Raum«, den Goethe beschreibt, ist übrigens »der Roßmarkt mit dem Blick zur Zeil, das wirtschaftliche Zentrum also des neuzeitlichen, außerhalb der mittelalterlichen Stadtmauern entstandenen Frankfurts«.[6]

II
Der Aufbau der modernen Wirtschaft

Goethe wird zu Beginn des 19. Jahrhunderts Zeitgenosse und genauer Beobachter der allgemeinen wirtschaftlichen Umwälzung, die sich in der Folge des sich ausbreitenden »Maschinenwesens« anbahnte. Er selber hatte noch als Minister versucht, im merkantilistisch-kameralistischen Sinne den Bergbau und das Gewerbe im kleinen Herzogtum Sachsen-Weimar zu fördern, aber mit beschränktem Erfolg. Nun sieht er, wie sich überall ein neuer Geist bemerkbar macht, der von sich aus auf stete Neuerungen hindrängt und zu wirtschaftlichen Taten anspornt.

Zum Wesen dieser Entwicklung gehört der Wandel in der Bedeutung von immobilem zu mobilem Vermögen. Dieses gewinnt immer mehr die Oberhand. Mobilität ist die Devise der neuen Zeit. Auf sie muß sich alles ausrichten.

Programmatisch heißt es in »Wilhelm Meisters Wanderjahre«:

> Betrachten wir, meine Freunde, des festen Landes bewohnteste Provinzen und Reiche, so finden wir überall, wo sich nutzbarer Boden hervortut, denselben bebaut, bepflanzt, geregelt, verschönt und in gleichem Verhältnis gewünscht, in Besitz genommen, befestigt und verteidigt. Da überzeugen wir uns denn von dem hohen Wert des Grundbesitzes, und sind genötigt, ihn als das Erste, das Beste anzusehen, was dem Menschen werden könne. ... Und doch darf man sagen: Wenn das, was der Mensch besitzt, von großem Wert ist, so muß man demjenigen, was er tut und leistet, noch einen größern zuschreiben. Wir mögen daher bei völligem Über-

> schauen den Grundbesitz als einen kleineren Teil der uns verliehenen Güter betrachten. Die meisten und höchsten derselben bestehen aber eigentlich im Beweglichen und in demjenigen, was durch bewegtes Leben gewonnen wird. (Drittes Buch, 9. Kapitel)

Mobilität führt dazu, daß man dorthin geht, wo man am meisten leisten, am meisten nutzen kann. Umgekehrt wird aber auch in einer solchen mobilen Gesellschaft derjenige bestätigt, der etwas leistet, während derjenige zurücktreten muß, der dazu nicht in der Lage ist. Die moderne Gesellschaft ist daher eine Leistungsgesellschaft. In diesem Sinne heißt es im Roman weiter:

> Man hat gesagt und wiederholt: ›Wo mir's wohl geht, ist mein Vaterland!‹ Doch wäre dieser tröstliche Spruch noch besser ausgedrückt, wenn es hieße: ›Wo ich nütze, ist mein Vaterland!‹ Zu Hause kann einer unnütz sein, ohne daß es eben sogleich bemerkt wird; außen in der Welt ist der Unnütze gar bald offenbar. Wenn ich nun sage: ›Trachte jeder überall sich und andern zu nutzen!‹ so ist dies nicht etwa Lehre noch Rat, sondern der Ausspruch des Lebens selbst. (Drittes Buch, 9. Kapitel)

Dieses neue Lebensgefühl, die neue Wirtschaftsgesinnung der Mobilität kommt auch in einem Gedicht zum Ausdruck, das die Lehre von »Wilhelm Meisters Wanderjahre« in gewissem Sinne zusammenfaßt. Es lautet:

> Bleibe nicht am Boden heften,
> Frisch gewagt und frisch hinaus!
> Kopf und Arm mit heitern Kräften,
> Überall sind sie zu Haus;
> Wo wir uns der Sonne freuen,
> Sind wir jede Sorge los;
> Daß wir uns in ihr zerstreuen,
> Darum ist die Welt so groß.
> (Drittes Buch, 9. Kapitel)

Der zweite Teil des »Faust« hat ebenfalls die neue Wirtschaft zum Thema. Dabei kommt allerdings weniger die Mobilität zur Sprache. Vielmehr werden die drei Säulen verdeutlicht, auf denen die neue mobile Leistungsgesellschaft aufbaut: die Papiergeldschöpfung, die Institutionalisierung des römisch-rechtlichen Eigentumsbegriffs und die »Indienstnahme« der mechanischen Energie.

Auf diese Säulen stützt sich der faustische Plan zur Gründung des neuen Wirtschaftsreichs, der im 5. Akt des zweiten Teils symbolisiert wird durch die Eindeichung, die Urbarmachung und den infrastrukturellen Ausbau eines früher durch die Flut immer wieder überrollten Küstenstreifens.

Dabei bezieht sich Goethe stets auf historische Fakten. Die Schilderung der wirtschaftlichen Tat Fausts ist nichts anderes als eine Interpretation dessen, was sich in der Geschichte seit dem 18. Jahrhundert, besonders aber seit Beginn des 19. Jahrhunderts, im Bereich der Wirtschaft abgespielt hat und gemäß Goethes Voraussicht weiter abspielen wird.

Die Modernisierung der Wirtschaft beginnt mit der Papiergeldschöpfung. In der Literatur über Goethes »Faust« findet sich schon sehr früh der Hinweis darauf, daß John Law und sein berühmtes und berüchtigtes »System« anfangs des 18. Jahrhunderts Vorbild gewesen sei für das Experiment, das Faust und Mephistopheles im 1. Akt des zweiten Teils von »Faust« am Kaiserhof in Gang setzen. Es geht um die Ausgabe bedruckten Papiers als Ersatz für die Gold- und Silbermünzen.

Wenn der Kanzler verkündet:

Zu wissen sei es jedem, der's begehrt:
der Zettel hier ist tausend Kronen wert,

dann darf man sich daher den Schotten John Law vorstellen, der einen solchen Zettel, eine solche Banknote der von ihm gegründeten »Banque Royale« vorzeigt. Er hat mit Hilfe dieser Bank im Jahr 1717 dem schwer verschuldeten französischen Staat unter der Regentschaft des Prinzen von Orléans geholfen, sich seiner großen Schuldenlast zu entledigen. Die Franzosen erhielten anstelle der Schuldpapiere Banknoten, mit denen sie nicht nur beliebige Güter, sondern auch Aktien der neugegründeten Handelskompanien kaufen konnten, die um so mehr im Wert stiegen, je mehr solche Banknoten ausgegeben und für den Kauf solcher Aktien verwendet wurden. Handel und Wandel blühten auf. Die Stadt New Orleans im neuen Westen und die Stadt Lorient im alten Osten wurden gegründet. Es entwickelte sich ein lebhafter Schiffs- und Handelsverkehr zwischen diesen Städten, zwischen Amerika und Europa, der die Basis des neuen Reichtums war.

Aber John Law hat dieses Papiergeldexperiment zu stark forciert, und so kam es zu allgemeiner Inflation, vor allem aber zu einer Inflation der Aktienkurse, die trotz steigender absoluter Gewinne zu einer drastischen Senkung der Renditen führte. Die Spekulation kehrte sich um. Es kam zum Verkauf der Aktien und schließlich zum Zusammenbruch des ganzen von John Law aufgebauten Systems.

Genau dreieinhalb Jahre hat das Experiment gedauert. Dann war es zu Ende. Nicht zu Ende war aber der Versuch, die Geldmenge durch Papiergeldausgabe zu steigern. Bei der Fixierung auf das Lawsche System und dessen Zusammenbruch hat man vergessen, daß dahinter das andere Experiment der Notengeldschöpfung stand. Die Bank von England, die 1694 gegründet wurde, hat bereits seit 1696 Banknoten ausgegeben. Dieser von der City of London getragene Versuch hat allen Stürmen, die auch die Bank von England durchmachen mußte, standgehalten. Zweifelsohne hatte auch Goethe gerade dieses Experiment im Auge, als er den 1. Akt des zweiten Teils von »Faust« schrieb. Er hat sich auf jeden Fall sehr intensiv mit dem Buch »An Enquiry into the Nature and the Effects of the Paper Credit of Great Britain« (1802) von Henry Thornton befaßt, das die englische Notengeldschöpfung zum Thema hat.[7] Das englische Experiment dauert nun schon 300 Jahre an und hat sich auf die ganze Welt ausgebreitet. Es ist zur Basis der heutigen Weltwirtschaft geworden.[8]

In diesem Zusammenhang ist entscheidend, daß die Bank von England keine staatliche Institution, sondern eine Geschäftsbank war, die dank des Privilegs der Notengeldausgabe, welche der Staat ihr gewährte, diesem Staat Kredite gewähren konnte (auch der englische Staat war in Geldnöten!). Im übrigen arbeitete sie aber für eigene Rechnung und gewährte Handels- und Investitionskredite (erst später wurde dieses System durch die Gründung von Geschäftsbanken, die die Aufgabe der Handels- und Investitionskreditgewährung übernahmen, erweitert). Goethe hat die Papiergeldausgabe am Kaiserhof in einen ganz analogen Zusammenhang gestellt. Es geht auch hier um eine Bankgründung auf privater Basis. Sie dürfte wohl »Faust, Mephistopheles & Co.« geheißen haben! Als das Papiergeldexperiment geglückt ist, verkünden nämlich der Kaiser Faust und Mephistopheles:

> Das hohe Wohl verdankt euch unser Reich;
> Wo möglich sei der Lohn dem Dienste gleich.
> Vertraut sei euch des Reiches innerer Boden
> Ihr seid der Schätze würdigste Kustoden.
> Ihr kennt den weiten, wohlverwahrten Hort,
> Und wenn man gräbt, so sei's auf euer Wort.

Das bedeutet, es wird eine Notenbank gegründet werden, deren Noten zwar durch die Goldschätze, die im Boden liegen und an sich dem Staat gehören, »gesichert« sind, die diese Noten aber auf eigene Rechnung ausgibt. Das Wort »graben« ist natürlich hier im übertragenen Sinne gemeint und bedeutet nichts anderes als alle Aktivitäten, die zur Notenausgabe führen, also vor allem die Gewährung von Krediten. Dabei soll »der Lohn dem Dienste gleich« sein, das heißt, Staat und Bank machen bezüglich des Gewinns Halbpart.

Wozu der Staat das Geld nötig hat, braucht keine weitere Erläuterung. Er muß seine Schulden begleichen. Wozu brauchen es aber Faust und Mephistopheles? Die Antwort findet sich, wenn wir die spätere Umgestaltung des unfruchtbaren Küstenstreifens zum fruchtbaren Neuland am Schluß des Dramas betrachten. »Bezahle« befiehlt Faust dem Mephistopheles. Womit bezahlt er? Sicher nicht mit Goldmünzen. Wo sollte er sie herholen? Er bezahlt mit Papiergeld seiner eigenen Bank!

Das Geld wird hier im Gegensatz zum Staat, der das neugeschöpfte Geld inflationär verprasst, produktiv eingesetzt. Mephistopheles soll Löhne auszahlen. Es geht um die Arbeiter, die Faust als »Knechte« anspricht. So wird mit Hilfe des Papiergeldes das Neuland der Wirtschaft geschaffen.

Eine weitere Voraussetzung des faustischen Plans ist die Institutionalisierung eines absoluten, vollständig dem ökonomischen Willen untergeordneten Eigentumsrechts. Dieses ist von Napoleon, den Goethe, wie aus vielfachen Äußerungen hervorgeht, als den eigentlichen Promotor der modernen Zeit angesehen hat, eingeführt worden. In Art. 544 des »Code Napoleon« heißt es: »Das Eigentum ist das unbeschränkte Recht zur Nutzung und Verfügung über die Dinge« (»La propriété est le droit de jouir et de disposer des choses de la manière la plus absolue.«) Der »Code Napoleon« wurde in der Folge das Vorbild für alle bürgerlichen Gesetzbücher in der ganzen Welt.

Dieses neue Eigentumsrecht unterscheidet sich fundamental von den ursprünglichen Eigentumskonzeptionen, die in irgendeiner Form auf der Idee des »patrimoniums«, d.h. der Pflicht zur Pflege des vom Vater Geerbten und an die Kinder zu Vererbenden aufbauen.

Der Ursprung des neuen Eigentumsbegriffs ist demgegenüber der römisch-rechtliche Begriff des »dominiums«, das vom Wort »dominus« (= Herr) abgeleitet ist, und dem jeweiligen Eigentümer den absoluten Herrschaftsanspruch verbürgt, wie er in Art. 544 des »Code Napoleon« beschrieben wird. Genau diesen Herrschaftsanspruch kündet Faust an, als er im 4. Akt ultimativ von Mephistopheles fordert:

Herrschaft gewinn ich, Eigentum.

Das heißt *nicht* »Herrschaft *und* Eigentum«, sondern »Herrschaftseigentum« im Sinne von »dominium«. Aufgrund dieses neuen Eigentumsrechts nimmt Faust den vom Kaiser abgetretenen Küstenstreifen in Besitz und gestaltet ihn nach seinem eigenen Gutdünken um, ohne irgend jemand Rechenschaft schuldig zu sein. Es ist das Eigentumsrecht, das die Basis der ganzen Wirtschaftsentwicklung des 19. und 20. Jahrhunderts geworden ist.

Schließlich geht es aber auch noch um die technisch-industrielle Grundlage dieser Entwicklung und in diesem Zusammenhang besonders um die Verwendung von Energie sowohl als Ersatz als auch als Ergänzung der Arbeit. Die Bedeutung der Energie bei der Gewinnung des Neulands wird im 5. Akt des Dramas eindrücklich in folgenden Versen geschildert:

> Tags umsonst die Knechte lärmten,
> Hack und Schaufel, Schlag um Schlag;
> Wo die Flämmchen nächtig schwärmten,
> Stand ein Damm den andern Tag.
> …
> Meerab flossen Feuergluten,
> Morgens war es ein Kanal.

Dieses Bild erinnert an den Brief, den der Herzog Carl August über seine Reise nach England (1814) an Goethe schrieb. Darin heißt es:

> Was die Mechanics betrifft, da ist England das wahre Paradies dieser Wissenschaft. Einige Meilen von Birmingham brachte mich Herr Watt zu Steinkohlen- und zu Eisengruben, bei welchen gleich Usinen, Hammer und Ziehereien befindlich waren. Dort brannten zugleich die Herde von 250, sage zweihundertundfünfzig Feuermaschinen, auf der Fläche von einer Quadratstunde, welche alle einer Gewerkschaft angehörten. Und solcher Gewerkschaften waren dorten mehrere, die aneinander grenzten, dergestalt, daß ich nicht zuviel sage, wenn ich vermute, mehr wie tausend solcher Feuerschlünde zu gleicher Zeit rauchen gesehen zu haben.

Durch die Arbeiten des französischen Ökonomen Charles Dupin war Goehte auch über die Verwendung von »Feuermaschinen«, nämlich von Dampfbaggern, im englischen Kanalbau informiert.[9]

Goethe hat schon anfangs des 19. Jahrhunderts die Bedeutung der Energie klar gesehen, klarer als jeder Ökonom der damaligen Zeit!

Auf der Basis dieser drei Pfeiler – ich wiederhole: Geldschöpfung, neues Eigentumsrecht, mechanische Energie – wird es möglich sein, die wirtschaftliche Tat zu vollbringen, d. h. die modernere Wirtschaft aufzubauen. Faust sieht sie visionär vor sich:

> Eröffn' ich Räume vielen Millionen,
> Nicht sicher zwar, doch tätig frei zu wohnen.
> Grün das Gefilde, fruchtbar; Mensch und Herde
> Sogleich behaglich auf der neusten Erde,
> Gleich angesiedelt an des Hügels Kraft,
> Den aufgewälzt kühn-emsige Völkerschaft.
> Im Innern hier ein paradiesisch Land,
> Da rase draußen Flut bis auf zum Rand,
> Und wie sie nascht, gewaltsam einzuschießen,
> Gemeindrang eilt, die Lücke zu verschließen.
> Ja! Diesem Sinne bin ich ganz ergeben,
> Das ist der Weisheit letzter Schluß:
> Nur der verdient sich Freiheit wie das Leben,
> Der täglich sie erobern muß.
> Und so verbringt, umrungen von Gefahr,
> Hier Kindheit, Mann und Greis sein tüchtig Jahr.
> Solch ein Gewimmel möcht ich sehn,
> Auf freiem Grund mit freiem Volke stehn.

III

Die Kehrseite der Modernisierung: die Entstehung der sozialen Frage

Goethe blieben allerdings die sozialen Probleme, welche die neue Entwicklung mit sich brachte und mit sich bringen würde, nicht verborgen. Diese Frage wird vor allem in »Wilhelm Meisters Wanderjahre« behandelt. Es geht in erster Linie um die Vernichtung des Handwerks und der Heimarbeit infolge der Gründung von Fabriken. Oft zitiert werden die Worte einer Verlagsherrin, die im Roman eine wichtige Rolle spielt; sie ist in der Baumwollhandindustrie tätig. Auf drängende Fragen hin bekennt sie:

> Was mich… drückt, ist doch eine Handelssorge, leider nicht für den Augenblick, nein! Für alle Zukunft. Das überhandnehmende Maschinenwesen quält und ängstigt mich, es wälzt sich heran wie ein Gewitter, langsam, langsam; aber es hat seine Richtung genommen, es wird kommen und treffen … Man denkt daran, man spricht davon, und weder Denken noch Reden kann Hilfe bringen. Und wer möchte sich solche Schrecknisse gern vergegenwärtigen! (Drittes Buch, 13. Kap.)

Den Hintergrund dieser Aussage bildet eine textile Heimarbeit in der Schweiz, genauer: im Gebiet südlich des Zürichsees mit dem Zentrum Wädenswil. Goethe hat sich die dortigen Verhältnisse, die er wohl auf einer seiner Schweizer Reisen flüchtig kennengelernt hatte, von seinem Freund Heinrich Meyer genau schildern lassen. Wie fortgeschritten die Heimarbeit schon war, ergibt sich aus den Angaben über die Tagesleistung einer guten Arbeiterin: »Eine recht flinke und zugleich fleißige Weberin kann, wenn sie Hülfe hat, allenfalls in einer Woche ein Stück von 32 Ellen nicht gar zu feine Mußeline zustandebringen; es ist aber sehr selten, und bei einigen Hausgeschäften ist solches gewöhnlich die Arbeit von vierzehn Tagen.« (Drittes Buch, 5. Kp.) Trotzdem: auch die Leistung einer fleißigen Arbeiterin kann nicht standhalten der Leistung der Maschine, die in einer Fabrik installiert wird. Welche Perspektive zeichnet Goethe angesichts dieser Situation?

An eine Umkehr ist nicht zu denken:

> Sowenig nun die Dampfmaschinen zu dämpfen sind, sowenig ist dies auch im Sittlichen möglich: die Lebhaftigkeit des Handels, das Durchrauschen des Papiergeldes, das Anschwellen der Schulden, um Schulden zu bezahlen, das alles sind die ungeheuren Elemente, auf die gegenwärtig ein junger Mann gesetzt ist. (Zweites Buch, 12. Kap.)

Die Dampfmaschinen sind nicht zu dämpfen: es wird daher auch zu technologischer Arbeitslosigkeit kommen. Allerdings gibt es ein Ventil: die Auswanderung nach Amerika. Ein großer Teil von »Wilhelm Meisters Wanderjahre« ist der Vorbereitung der Auswanderung und der Auseinandersetzung mit ihr gewidmet. Mit dieser »Lösung« allein kann man sich aber nicht zufriedengeben. Es können nicht alle auswandern. Außerdem werden sich auch in der Neuen Welt Probleme ergeben. Es ist mit der Rückwanderung eines Teils der Auswanderer zu rechnen.

Wie wird es also in der Alten Welt weitergehen? Die industrielle Revolution setzt sich durch. Es wird zu den von der Verlagsherrin befürchteten Fabrikgründungen kommen. Diese Entwicklung wird am Schluß des Romans dargestellt. Wer ist in der Lage, eine Fabrik auf die Beine zu stellen? Einerseits der Verlagsherr, – ein neuer Verlagsherr hat die oben genannte Verlagsherrin abgelöst –, andererseits der »Geschirrfasser«, der ebenfalls eine zentrale Figur im Verlagswesen ist. Er hatte die Aufgabe, »was zur Spinnerei und Weberei und dergleichen gehört, vollkommen anzugeben, auszuführen, zu erhalten, wiederherzustellen, wie es not tut.« (Drittes Buch, 5. Kap.) Beide – Verlagsherr und »Geschirrfasser« – machen im Roman gemeinsam »die vollkommene Einrichtung einer neuen Fabrikation durch Lokal und Zusammenwirkung« möglich (Drittes Buch, 14. Kap.). Allerdings werden die Besitzer der neuen Fabrik, da sie mit den gegebenen Verhältnissen vertraut sind, umsichtig vorgehen; es entstehen auch neue Beschäftigungsmöglichkeiten. Mindestens im Gebiet, das zum Schauplatz des Romans gehört, erweist sich die Situation daher nicht so schlimm wie es zuerst erschien.

Trotzdem: Viele arbeitslose Handwerker sind schon unterwegs. Ein Teil von ihnen wandert nach Amerika aus, aber nicht alle. Es muß die Möglichkeit geben, ihnen – und auch künftigen Rückwanderern – im eigenen Lande Beschäftigung zu geben. Dies kann durch Handwerker-Assoziationen geschehen. Im Roman geht es um die Gründung einer Möbelfabrik, »die ohne weitläufigen Raum und ohne große Umstände nur Geschicklichkeit und hinreichendes Material verlangt.« (Drittes Buch, 16. Kap.) Das nötige, nicht allzu umfangreiche Kapital wird, nach entsprechendem Drängen des Bezirksamtmanns, der das Projekt mit aller Umsicht und Energie fördert, von den ansässigen Bürgern zusammengebracht.

Goethe schildert also Ansätze zur Lösung der sozialen Frage

sowohl – so könnte man sagen – im Bereich eines gemäßigten, d.h. verantwortungsbewußten Kapitalismus als auch im Bereich eines gemäßigten, d.h. auf die Assoziationsidee beschränkten Sozialismus, die sich mit Unterstützung der lokalen Behörden verwirklichen läßt.

IV

Von der sozialen Frage zur Umweltkrise

Im »Faust« herrscht ein ganz anderer Ton als in »Wilhelm Meisters Wanderjahre«. Die Arbeiter werden als Knechte angesprochen:

> Vom Lager auf, ihr Knechte!

ruft Faust aus. Er ist der Unternehmer, der Herr. Als solcher bekennt er:

> Daß sich das größte Werk vollende,
> Genügt *ein* Geist für tausend Hände.

Hier vollzieht sich sozusagen nahtlos der Übergang vom Frühkapitalismus, in dem noch Fronarbeit geleistet wird – Faust spricht von »der Menge, die ihm frönet« – zum auf Lohnarbeit aufbauenden Hochkapitalismus. Mephistopheles, seinem »Aufseher«, befiehlt Faust:

> Arbeiter schaffe Menge auf Menge,
> Ermuntere durch Genuß und Strenge,
> Bezahle, locke, presse bei!

Ob Fronarbeiter oder bezahlte Arbeiter – es spielt keine Rolle, denn es gilt so oder so:

> Des Herren Wort, es hat allein Gewicht.

Wohl bekennt sich Faust zum »freien Volk auf freiem Grund«; aber dies ist vorerst nur eine Vision. Sie hat nichts zu tun mit dem gegenwärtigen Handeln Fausts. Und doch: Diese Vision ist heute weitgehend Wirklichkeit geworden. Es war also nicht nur eine Träumerei. Wir stellen fest: es war Faust vielmehr ernst mit seiner Vision. Aber nicht nur Faust, dem Unternehmer, sondern auch den Arbeitern. Sie wußten, warum sie sich knechten ließen. Ein unbeteiligter Zuschauer des Faustischen Werks spricht es im Drama deutlich aus:

Kluger Herren kühne Knechte
gruben Gräben, dämmten ein,
schmälerten des Meeres Rechte,
Herrn an seiner Statt zu sein.

Beide – Herren und Knechte, Unternehmer und Arbeiter – gewinnen, wenn sie »des Meeres Rechte« oder – allgemeiner – die Rechte der Natur schmälern. Der »freie Grund«, auf dem das »freie Volk« steht, ist nicht irgendein beliebiger Landstrich. Der »freie Grund« ist das eingedeichte Neuland, das dem Meer abgerungen wurde; es ist das Neuland der Wirtschaft, in dem die Natur nur noch soweit wirksam ist, als sie in den Dienst der Wirtschaft gestellt ist. Dies ist auch die eigentliche Zielsetzung Fausts. Als er von seinem Helena-Abenteuer zurückkehrte, betrachtete er die Meeresküste, auf der Flut und Ebbe abwechseln. Er sah die ungeheure Kraft, die sich hier entfaltet, aber durch den Menschen (noch) nicht genutzt wird. Da faßt er den Plan, die Naturgewalten zu besiegen. Er erklärt Mephistopheles seinen Plan:

Mein Auge war aufs hohe Meer gezogen;
Es schwoll empor, sich in sich selbst zu türmen,
Dann ließ es nach und schüttete die Wogen,
des flachen Ufers Breite zu bestürmen.
Und das verdross mich; wie der Übermut
Den freien Geist, der alle Rechte schätzt,
Durch leidenschaftlich aufgeregtes Blut
ins Mißbehagen des Gefühls versetzt.
Ich hielt's für Zufall, schärfte meinen Blick:
Die Woge stand und rollte dann zurück,

Entfernte sich vom stolz erreichten Ziel;
Die Stunde kommt, sie wiederholt das Spiel.
…
Sie schleicht heran, an abertausend Enden,
Unfruchtbar selbst, Unfruchtbarkeit zu spenden;
Nun schwillt's und wächst und rollt und überzieht
Der wüsten Strecke widerlich Gebiet.
Da herrschet Well auf Welle kraftbegeistet,
Zieht sich zurück, und es ist nichts geleistet -
Was zur Verzweiflung mich beängstigen könnte!
Zwecklose Kraft unbändiger Elemente!
Da wagt mein Geist, sich selbst zu überfliegen;
Hier möcht ich kämpfen, dies möcht ich besiegen.

Dieser Sieg, der ja der eigentliche Inhalt der industriellen Revolution ist, wird – das sieht Goethe deutlich – nicht nur den »Herren«, sondern auch den »Knechten«, nicht nur den Unternehmern, sondern auch den Arbeitern zugute kommen. Die soziale Frage kann auch auf diese Weise – auf eine ganz andere Weise als in »Wilhelm Meisters Wanderjahre« – gelöst werden, nicht durch Rücksichtnahme und Maßhalten, sondern durch Expansion.

Dafür stellt sich aber die Frage, ob der Sieg über die Natur ein endgültiger sein kann. Faust nimmt das Risiko wahr, das mit der Unterwerfung der Naturgewalten verbunden ist, aber er glaubt, dieses Risiko stets bewältigen zu können.

Im Faust-Drama wird dieses Risiko symbolisiert durch die Möglichkeit eines Deichbruchs. Goethe hat intensiv Justus Möser, den Wilhelm Roscher den »größten deutschen Nationalökonomen des 18. Jahrhunderts«[10] nennt, gelesen. Dabei muß ihm auch die Stelle begegnet sein, wo Möser die Parabel erzählt von den tausend unabhängigen Bauernhöfen, die einst auf einer Insel in Ostfriesland gelegen seien, heute aber im Meer versunken lägen, weil die Landbesitzer dem Meer gegenüber, das als »Guts- und Lehnherr aller Höfe« aufgetreten sei, ihre Steuerpflicht nicht nachgekommen sind. Jeder Landbesitzer hatte nämlich »eine Pflicht, welch ihnen die Not auferlegte« zu erfüllen. Sie bestand darin, »daß ein jeder von ihnen täglich mit der Spade in der Hand auf dem Deich erscheinen oder aber, wenn er nicht mehr könnte, sein Eigentum verlassen und seinen Hof andern übergeben sollte«.[11] Auch Faust erkennt die Gefahr, die einem eingedeichten Land vom Meer her droht. Aber er vertraut darauf, daß, wenn ein Deich bricht und die Flut einzuschließen droht, immer noch der Grundsatz gelte:

> Gemeindrang eilt, die Lücke zu verschließen.

Kann man aber noch auf diesen »Gemeindrang« zählen, wenn man »des Meeres Rechte schmälert«, wenn jeder sich selber zum Herrn über die Natur macht und so die Gemeinschaft auflöst, die sich gerade aus dem Angewiesensein auf die Natur, aus dem steten Gegenüber von Mensch und Natur ergibt? Wird nicht der Siedlung auf dem Neuland, d.h. der neuen Wirtschaft mit den Großrisiken der modernen Technik das gleiche Schicksal drohen wie den Bauernhöfen in Ostfriesland, weil das Bewußtsein der gemeinsamen Verantwortung verloren geht? Mephistopheles sieht einen solchen Ausgang voraus. Er kommentiert daher den Deichbau Fausts mit den Worten:

> Du bist doch nur für uns bemüht
> Mit deinen Dämmen, deinen Buhnen;
> Denn du bereitest schon Neptunen,
> Dem Wasserteufel großen Schmaus.
> In jeder Art seid ihr verloren; -
> Die Elemente sind mit uns verschworen,
> Und auf Vernichtung läuft's hinaus.

Darüber hinaus geht es aber grundsätzlich um die Frage, ob Faust sein »großes Werk« überhaupt vollenden kann. Er erlebt den höchsten Augenblick nur »im *Vor*gefühl« des »hohen Glücks«, das ihm die wirtschaftliche Tat, die Besiedlung des Neulands, bescheren wird. Vorher gilt es noch, dieses Neuland zu meliorieren. Faust will das Werk beenden. Seinen Aufruf zur letzten Anstrengung leitet er mit den Worten ein:

Ein Sumpf zieht am Gebirge hin,
Verpestet alles schon Errungene;
Den faulen Pfuhl auch abzuziehn,
Das letzte wär das Höchsterrungene.

Faust stirbt, nachdem er den Auftrag gegeben hat, also vor der Vollendung seines Werks. Ist dieser »vorzeitige« Tod zufällig, so muß man sich nun fragen, oder hat es damit eine tiefere Bewandtnis? Hans Segeberg weist in seinem Aufsatz »Die ›ganz unberechenbaren Resultate‹ der Technik« auf eine solche hin, indem er nachweist, daß es sich beim »faulen Pfuhl« um eine Folgewirkung des Deichbaus selber handelt:

> Faust selber sieht sein Lebenswerk am Ende durch einen Sumpf verpestet… In sich stimmiger wird das Bild, wenn man annimmt, daß die der Geest häufig vorgelagerten Marschlandschaften als Anregung dienten, und Versumpfungen waren gerade hier für den technischen Experten kein überraschendes Phänomen. Sie galten vielmals als Resultat einer allzu forcierten Kanalisierung: Stillstehendes Gewässer in den Kanälen fördere den ›ungestörten Wuchs der Wasserkräuter‹, und daraus werde dann ›mit den Jahren ein Sumpf‹.[12]

Dabei bezieht sich Segeberg auf die in Goethes Bibliothek enthaltenen, von diesem konsultierten Werke über den Wasserbau:

> Die Wasserbaukunst der Goethe-Zeit spricht in solchen Fällen von ›hydrotechnischem Terrorism‹; daß ›menschliche Unternehmungen‹ die Gegenwehr der Natur bis zu einem ›verderblichen Grad steigern können‹, war für den Hydrotekten des 19. Jahrhunderts immer wieder Anlaß zu warnen.[13]

Segeberg kommt daher zu dem Schluß:

> Mit diesem Vorgang »ist signalisiert, daß Faust… an den Folgen seiner eigenen Naturbearbeitung scheitert«. Goethe »stellt

im Verhalten seiner Leitfigur ein schon zu seiner Zeit nicht unumstrittenes Handlungsmodell hemmungslos gewalttätiger Naturbeherrschung zur Diskussion ... Der ›Faust‹-Interpret Max Kommerell hat 1939 von ›Weltvernutzung‹ gesprochen ... Daß schon bei Faust die Perspektive globaler Selbstvernichtung mit eingeschlossen ist, macht Mephistopheles' zynischer Schlußkommentar über dessen gigantische Dammpläne sichtbar: ›Man spricht, wie man mir Nachricht gab, von keinem Graben, doch vom Grab‹.[14]

Daß Faust *vor* der Vollendung seines Werkes stirbt, ist also, wenn diese Feststellungen zutreffen, kein Zufall, es ist vielmehr die Folge der Tatsache, daß sich das Werk gar nicht vollenden läßt! Gerade beim Versuch, es beschleunigt voranzutreiben, tauchen immer neue Probleme auf. Die Vision einer Wirtschaft, in der die Natur definitiv ausgeschlossen ist, da umsonst draußen die Flut »bis auf zum Rand« rast, aber im Innern hier ein »paradiesisch Land« bewahrt bleibt, entpuppt sich, auch wenn ihre Verwirklichung fast greifbar nahe rückt, schließlich doch als eine Illusion.

Das Zurückschlagen der Natur, die in vielfacher Weise überbeansprucht wird – wir sprechen heute von der Umweltkrise – läßt sich, dies macht Goethe jedenfalls deutlich, nicht in gleicher Weise lösen wie die soziale Frage. Die Verwirklichung des faustischen Plans, die Realisierung der modernen Wirtschaft, auch die Lösung der sozialen Fragen im faustischen Sinne, beruht ja gerade auf dem Versuch, die Natur immer mehr in den Griff zu bekommen und damit tendenziell zu »übernutzen«. Der Konflikt ist also vorprogrammiert.

Über den Ausgang des Konflikts sind allerdings Faust und Mephistopheles unterschiedlicher Meinung. Faust stirbt in der Überzeugung, daß sein »großes Werk« gelingen wird, während Mephistopheles die Vernichtung prophezeit.

V

Markt und Ethik – zur Frage der »unsichtbaren Hand«

Alle bisher aufgeworfenen Fragen sind auf dem Hintergrund der Debatte um die Durchsetzung einer freien, nicht mehr paternalistisch oder merkantilistisch regulierten Marktwirtschaft zu verstehen. Sie setzte Mitte des 18. Jahrhunderts ein. Ursprünglich stand sie ganz unter dem Vorzeichen der Physiokratie. Goethe hat sich schon sehr früh damit befaßt, behielt ihr gegenüber aber offensichtlich eine gewisse Distanz. Eine wirkliche Auseinandersetzung mit der Frage einer durchgehenden Deregulierung der Wirtschaft erfolgte erst in Zusammenhang mit der Lehre von Adam Smith. Obwohl ihn Goethe nie zitiert, ist es doch sicher, daß er mindestens die »Wealth of Nations« kannte. Dafür spricht einmal die Tatsache, daß Goethes Freund Georg Sartorius, der für die von Goethe herausgegebene »Jenaische Allgemeine Literatur-Zeitung« die Besprechung der ökonomischen Schriften übernommen hatte, eine eigene Übersetzung der »Wealth of Nations« verfaßte, die ein großes Echo fand, und darüber hinaus sich in mehreren eigenen Abhandlungen damit auseinandersetzte. Die Lehre Adam Smiths begegnete Goethe aber nicht nur über die deutsche Nationalökonomie[15], sondern auch in den Schriften des französischen Nationalökonomen Charles Dupin, der es nach einer Reise durch England im Jahre 1816 unternahm, der Lehre vom freien Markt, wie sie Adam Smith propagierte, auf dem Kontinent zum Durchbruch zu verhelfen. Goethe führte eine Zeitlang Korrespondenz mit Dupin.

Die beiden großen Werke – »Wilhelm Meisters Wanderjahre« und »Faust« – sind jedenfalls auch als Auseinandersetzung mit dem Werk von Adam Smith zu verstehen. Dabei ist vor allem die Rolle der »unsichtbaren Hand«, die aus dem Zusammenwirken aller Egoismen das allgemeine Wohl resultieren läßt, von Bedeutung. Es geht um die Frage, ob zusätzlich ethische Postulate aufgestellt werden müssen oder ob dies unnötig ist.

Dabei darf man von Goethes eigener Kennzeichnung seiner

Einstellung in Fragen der Staats- und Wirtschaftsordnung ausgehen, wie er sie in einem Gespräch mit Eckermann vom 3. Februar 1830 über Dumont und Bentham formuliert: »Dumont ist eben ein gemäßigter Liberaler, wie es alle vernünftigen Leute sind und sein sollen, und wie ich selber es bin und in welchem Sinne zu wirken ich während eines langen Lebens mich bemüht habe.«[16]

Ein wesentliches Element dieser liberalen Einstellung ist die Bereitschaft, das Eigeninteresse als wichtigen Bestandteil einer Wirtschaftsordnung anzusehen. Parallel zu »Wilhelm Meisters Wanderjahren« hatte Goethe geplant, einen Roman zu schreiben mit dem Titel »Die Egoisten«. Er war davon überzeugt, daß die Anstrengungen des Menschen erlahmen, wenn er nicht zu seinem eigenen Nutzen arbeiten kann. So heißt es z.B. in den Gesprächen mit Eckermann (1. Mai 1825): »Es liegt einmal in der menschlichen Natur, daß sie leicht erschlafft, wenn persönliche Vorteile und Nachteile sie nicht nötigen.«[17]

Ein weiteres Element der liberalen Einstellung ist aber auch die Vorstellung der »unsichtbaren Hand«, durch die, um Adam Smith zu zitieren, jeder einzelne geleitet wird, um »einen Zweck zu fördern, den zu erfüllen er in keiner Weise beabsichtigt hat«[18]. In der ambivalenten Einstellung zu dieser Idee zeigt sich allerdings auch, daß Goethe nur ein »gemäßigter« Liberaler ist. Er anerkennt in gewissem Ausmaß die Existenz einer solchen »unsichtbaren Hand« – ohne sie ließe sich ja die Befürwortung des Eigennutzes gar nicht rechtfertigen! –, aber er schränkt ihre Wirksamkeit doch stark ein. Daraus ergibt sich die Notwendigkeit, den Egoismus von vornherein in einen ethischen Kontext hineinzustellen und ihn so zu bändigen.

Wegleitend für Goethe dürften die Vorstellungen von Sartorius gewesen sein, der in seinen »Abhandlungen, die Elemente des Nationalreichtums und die Staatswissenschaft betreffend«, schreibt:

> Man kann im allgemeinen mit dem Grundsatz einverstanden sein, daß, wenn einmal Privateigentum eingeführt ist, die freie Erwerbung und die freie Anwendung von Fleiß und Kapital im Ganzen dem Gedeihen des Wohlstandes einer

> Nation am zuträglichsten sein werde. Es ist gewiß, daß eine Regierung, welche die Anwendung nach ihrem Ermessen im Einzelnen vorteilhafter zu leiten gedenkt, als die Privaten es vermögen, die direkt oder indirekt jenen oder diesen Zweig der Industrie emporbringen will, weil sie das, was dem Einzelnen frommt, am besten einzusehen vorgibt, es ist sicher gewiss, daß dieses Verfahren einer Regierung, der Regel nach, von verderblichen Folgen begleitet sein wird... Allein die unbedingte Freiheit würde fürwahr auch nicht ohne manche nachteilige Folgen sein.[19]

Sartorius zeigt im einzelnen auf, unter welchen Umständen der Einzelne, insbesondere durch monopolistische Praktiken, seinen Gewinn steigern kann, während der Volkswohlstand sinkt. Er schließt mit dem Satz:

> Jene Behauptung also, daß jeder, indem er seinem Privatvorteil nachginge, den Vorteil des Ganzen notwendig befördern müsse, und daß dies Streben der Einzelnen in *allen* Fällen hinreichend sei, um den Nationalwohlstand zur größtmöglichen Vollkommenheit zu bringen, ist ... durchaus unhaltbar.[20]

Es ist nun interessant, den unterschiedlichen Einstellungen zur Frage der »unsichtbaren Hand« in den beiden Alterswerken von Goethe nachzugehen.

Wie wir bereits im Essay über »Die Glaubensgemeinschaft der Ökonomen« erläutert haben, distanziert sich Goethe im »Faust« von der Vorstellung, daß aus dem Zusammenwirken des Bösen automatisch das Gute resultiert. Die Distanzierung erfolgt dadurch, daß er den Mephistopheles, also den Teufel selbst, diese Vorstellung vortragen läßt. Wenn dieser bei der Frage des Fausts nach seinem Wesen antwortet »Ich bin ein Teil von jener Kraft, die stets das Böse will und stets das Gute schafft«, so gehört dies zweifellos zum mephistophelischen Verwirrspiel, zumal sich ja Mephistopheles selbst, d.h. das Böse, am Schluß des »Faust« durchaus als Sieger betrachtet und betrachten darf. Vom großen Plan Fausts zur Schaffung des

Neureichs der Wirtschaft, den er auf Kosten des alten Paars Philemon und Baucis und mit Hilfe der »drei gewaltigen Gesellen« Raufebold, Habebald und Haltefest realisieren wollte, bleiben nur Trümmer zurück. Faust wird von den Lemuren zu Grabe getragen. Goethe bekundet im »Faust« offensichtlich seine Skepsis gegenüber der Allmacht der »unsichtbaren Hand«, d.h. der stoischen Weltvernunft.

Allerdings schließt die nicht zu leugnende Existenz des Bösen für Goethe doch nicht aus, daß aus dem Wettbewerb der Egoismen, wenn sie eine genügende Dynamik entfalten, praktisch ein »Allgemeines« resultiert, das allen zugute kommt. Dies wird in »Wilhelm Meisters Wanderjahre« verdeutlicht (Drittes Buch, 12. Kapitel). Dort spricht er davon, daß dem Einzelnen zwar im Wettbewerb etwas genommen werden kann, daß sich aber durch »Rück- und Mitwirkung« allgemeine Vorteile ergeben, die schließlich auch demjenigen zugute kommen, der zuerst in diesem Wettbewerb verloren hat.

Allerdings muß doch auch eine »sichtbare Hand« der »unsichtbaren Hand« nachhelfen. Das heißt: es gibt ethische Anforderungen, denen sich der Mensch stellen muß, auch wenn er sich primär von egoistischen Vorstellungen leiten läßt. Das hätte auch der Inhalt seines – nicht geschriebenen – Romans »Die Egoisten« sein sollen, wie Goethe Riemer gegenüber in einem Gespräch vom 10. März 1811 erklärt. Der Amtmann in »Wilhelm Meisters Wanderjahre«, der die Gründung der Möbelfabrik auf der Basis der Handwerker-Assoziation vorantreibt, wird z.B. deswegen als »ein wahrer Egoist« bezeichnet, weil er alle Gelegenheiten, die seinem der Allgemeinheit dienenden Plan förderlich sind, zu nutzen versteht.

Alle egoistischen Bestrebungen werden in »Wilhelm Meisters Wanderjahre« in einem gewissen Sinne gebunden durch die »Gemeinschaft der Entsagenden«. Diese Gemeinschaft tritt die Nachfolge der »Gesellschaft vom Turm« an, die in »Wilhelm Meisters Lehrjahre« die Szene beherrschte. Unter der neuen Gemeinschaft ist allerdings keine wirklich organisierte Institution zu verstehen, sondern – so könnte man vielleicht sagen – nur die geistige Gemeinschaft der »gemäßigten Liberalen«, um die Selbstkennzeichnung von Goethe wiederaufzunehmen.

Die Gemeinschaft tritt für die Mobilisierung der Wirtschaft im Sinne des ökonomischen und zivilisatorischen Fortschritts ein, aber sorgt dafür, daß durch eine gewisse Zurückhaltung einerseits, positive Maßnahmen andererseits die ungünstigen sozialen Nebenwirkungen in Grenzen gehalten werden. (Es geht dabei vor allem um die strukturelle Arbeitslosigkeit, die eine Folge der Industrialisierung und Maschinisierung war, die zu Anfang des 19. Jahrhunderts einsetzte.) Die Bewältigung dieser ungünstigen Nebenwirkungen ist nach Goethes Meinung offensichtlich nicht möglich, ohne daß eine Elite sich der Notwendigkeit der Entsagung bewußt ist, um für andere tätig zu werden. In einem Kommentar zum Roman heißt es:

> Nicht müßig ins Unabänderliche sich zu fügen, ist das Ziel, sondern unter Verzicht auf die kleinen Genüsse des kleinen Individuums an den großen Aufgaben der großen Menschheit umso tätiger mitzuarbeiten. So entspricht dem Goetheschen Begriff der Entsagung mit zwingender Notwendigkeit derjenige der Tätigkeit, unter dem von vornherein des Dichters ganzes Sein und Schaffen steht.[21]

Chinesische Ökonomik

Fünf ordnungspolitische Denkrichtungen in der chinesischen Tradition

Es gibt in der Welt zwei Traditionen des ökonomischen Denkens, die sich nebeneinander entwickelt haben: die chinesische und die europäische. Zwei: d. h. einerseits *nur* zwei, denn keine andere Kultur in der Welt, auch keine andere Hochkultur hat sich so intensiv mit der Wirtschaft beschäftigt wie die chinesische und die europäische. Es heißt aber andererseits auch: *immerhin* zwei, nämlich nicht nur die europäische, wie wir Europäer fälschlicherweise lange Zeit geglaubt haben, und vielleicht immer noch glauben, sondern auch die chinesische mit eigenen Erkenntnissen – solchen, die sich mit den europäischen decken, aber auch solche, die in eine andere Richtung weisen. Die Beschäftigung mit ihr könnte und sollte daher auch unser Denken bereichern.

Die folgenden Ausführungen stützen sich zur Hauptsache auf das Buch von Hu Jichuang über »A Concise History of Chinese Economic Thought«, das 1988 in der Foreign Languages Press in Peking erschienen ist. Eigenartigerweise ist es bei uns völlig unbekannt geblieben, obwohl der Autor, der als junger Mann noch in England studiert hatte, es in einer für uns durchaus verständlichen Form geschrieben hat. In diesem Buch wird deutlich, daß wir, um die Chinesische Ökonomik in ihrem ganzen Reichtum kennenzulernen, in das 5.–3. Jahrhundert v. Chr. zurückblicken müssen, in dem sich das ökonomische Denken in China – ebenso wie in Europa – entwickelt hat. Während es sich aber in Europa ständig weiter ausdifferenziert hat, hat es in China später eher an Vielfalt eingebüßt. Sich mit der chinesischen Ökonomik zu beschäftigen, heißt daher vor allem, das Augenmerk auf die ökonomischen, vor allem ordnungspolitischen Denkrichtungen zu lenken, die sich in den vorchristlichen Jahrhunderten herausgebildet haben.

Dabei zeigt sich insbesondere, daß die marktwirtschaftliche Orientierung in China ein stärkeres Fundament hat als man aufgrund der späteren Entwicklung vermuten würde. Es sollen daher zuerst die drei Denkrichtungen geschildert werden, die grundsätzlich an der Marktwirtschaft festhalten, sie allerdings auch in der einen oder anderen Richtung ausgestalten wollen. Anschließend sollen zwei Denkrichtungen dargestellt werden, die als Alternative zur Marktwirtschaft zu verstehen sind.

Die Beschäftigung mit ökonomischen Fragen war in der frühen Zeit noch nicht Gegenstand einer selbständigen Wissenschaft, sondern Sache religiöser, philosophischer und staatspolitischer Schulen. Drei solche Schulen haben aber eine eigene ökonomische Doktrin ausgebildet:

- erstens die Schule des Konfuzianismus, die in China dominant geworden ist; mit Konfuzius als Begründer (Konfuzius lebte von 551–479 v. Chr.);
- zweitens die Schule der Legalisten, deren Hauptvertreter Shang Yang (ca. 390–338 v. Chr.) und Han Fei (280–233 v. Chr.) sind;
- und drittens die Schule des Guan Tse; dies ist der Name eines Buches, das mehrere Autoren hat, die im 4.–3. Jahrhundert v. Chr. gelebt haben.

1. Konfuzianismus

Die Grundlage des Konfuzianismus sind vier kanonische Bücher, von denen allerdings nach allgemeiner Meinung nur das erste – die »Analects« – authentische Aussagen von Konfuzius enthält; sie wurden von seinen Schülern notiert. Die drei anderen haben Schüler bzw. Nachfolger zu Autoren, worunter der wichtigste Menzius ist, der 150 Jahre später lebte (390–305 v. Chr.).

Das Grundprinzip der konfuzianischen Wirtschaftsordnung ist die Ausrichtung der Wirtschaft auf ethische Standards. Das bedeutet nicht, daß man das Streben nach mehr Reichtum aufgeben, also grundsätzlich den Egoismus überwinden soll – dieser gilt vielmehr als dem Menschen natürlich –, sondern daß das Verfolgen des Reichtumsziels der Sorge um die gute Ordnung der Gemeinschaft unterzuordnen ist. So sagt Konfuzius: »Es ist eine Schande, reich und in erhobener Position zu sein, wenn Chaos im Staate herrscht.« Wenn aber der Staat den rechten Weg verfolgt, d.h. die sittliche Ordnung gewährleistet ist, soll auch jeder seine eigenen Interessen verfolgen dürfen. Das heißt: Der Mensch ist in erster Linie ein homo ethicus und muß sich als solcher bewähren, wenn die Sorge um die Gemeinschaft dies verlangt. In zweiter Linie ist der Mensch aber doch auch ein homo oeconomicus, der sich berechtigterweise um seine eigenen Ziele kümmert.

Das ökonomische Streben nach mehr Reichtum wird allerdings eingedämmt durch das »Prinzip der Genügsamkeit«, das darauf hinausläuft, daß jeder – hier kommt die feudalistische Ordnung zur Geltung – mit seinem Status zufrieden sein und seinen Lebensstil diesem Status anpassen soll. Damit soll allerdings vor allem der Unersättlichkeit der herrschenden Klasse ein Riegel vorgeschoben werden.

Generell wird Sparsamkeit empfohlen. Diese darf aber nie so weit gehen, daß die Riten – dazu gehören insbesondere die Bestattungszeremonien und die Opfergaben – nicht eingehalten werden können.

Im übrigen ist wirtschaftlicher Erfolg und Mißerfolg in hohem Maße vom »Himmel« abhängig, worunter in der chinesischen Sprechweise immer die Naturkräfte gemeint sind, die im Jahresablauf wirksam werden. Der Mensch kooperiert mit der Natur.

Der Staat soll sich möglichst nicht einmischen. Insbesondere aber soll er auch seine Bürger nicht mit Steuern belasten; eine 10%ige Steuer auf den Jahresertrag ist genug. Durch die prozentuale Festlegung der Steuer wird der Tatsache Rechnung getragen, daß der Ertrag von Jahr zu Jahr unterschiedlich sein kann, je nach den Bedingungen des »Himmels«.

Menzius (390–305 v. Chr.) hat die Doktrin von Konfuzius in mehrfacher Hinsicht ergänzt, ohne sie grundsätzlich zu verändern. Die ethische Ausrichtung bleibt. Neu ist die Bedeutung, die Menzius dem privaten Eigentum zumißt. Er spricht vom sogenannten »permanenten Eigentum«. Es soll möglichst viele Eigentümer geben. Denn diejenigen, welche permanentes Eigentum haben, verfolgen mit Ausdauer ihr Ziel. Wer kein permanentes Eigentum hat, hat keine Beharrlichkeit. Wenn die Menschen keine Beharrlichkeit haben, sind sie zügellos und verschwendungssüchtig. Dabei spricht Menzius sowohl vom landwirtschaftlichen wie vom gewerblichen und kommerziellen Eigentum. Eigentum – auf viele kleine Wirtschaftseinheiten aufgeteilt – ist die Voraussetzung dafür, daß eine möglichst hohe Produktivität erreicht wird und die soziale Ordnung intakt bleibt. Nur die Gelehrten hätten, so meint Menzius, auch ohne Eigentum genügend Beharrlichkeit.

Nach der Gründung des Kaiserreichs unter Shih Huang-Tse im Jahr 221 v. Chr. wurden die Bücher der Philosophen, darunter diejenigen des Konfuzius und seiner Nachfolger, zum großen Teil vernichtet. Es war verboten, diese Lehren zu verbreiten. In der folgenden Han-Periode wurden sie wieder rekonstruiert. »Doch wurden sie dabei in dem Sinne verändert, daß die Feudalperiode der Vergangenheit als Verfall eines einstmals geeinten Reiches erschien, das nun die Han-Dynastie wieder aufgerichtet habe«[1]. »Die Werke des Konfuzius ... weitete man zu einem allgemeinen Moralsystem aus, dessen genauere Festlegung und Durchsetzung der Klasse der Gelehrten oblag. Aber den Status der Gelehrten erwarb man nicht mehr, wie zur Zeit des Konfuzius, durch vornehme Geburt, sondern allein durch Erziehung.«[2] In diesem Zusammenhang wurde die ethische Grundlage des Wirtschaftens, die Idee der Redlichkeit und des Maßhaltens verstärkt. Damit war die Ablehnung von Kräften, die es gefährden können, verbunden. Es entstand der »chinesische Weg« des konservativen »equilibrating feedback system«, wie ihn Kurt Dopfer in seinem Aufsatz über »Ideas as Determinants of Economic Development: East Asian Concepts of the Proper Way«, beschreibt.

Die Idee einer durch ethische Regeln ergänzten und getragenen Wirtschaftsordnung ist auch in der europäischen Tradition verankert, obwohl sie hier nie die gleiche Bedeutung erhalten hat wie in China. Sie ist auf Aristoteles (384–322 v. Chr.) zurückzuführen, der zur gleichen Zeit wie Menzius gelebt hat. Ähnlich wie dieser hebt Aristoteles die Bedeutung des Privateigentums für ein effizientes Wirtschaften hervor. Gleichzeitig sollen aber gemäß Aristoteles im sozialen und im wirtschaftlichen Leben bestimmte Proportionen eingehalten werden, die als gerecht gelten. Im wesentlichen handelt es sich dabei um Leistungsgerechtigkeit. Die aristotelische Ethik hat später eine große Rolle in der mittelalterlichen, d.h. der scholastischen Ökonomie und seit dem 19. Jahrhundert in der katholischen Soziallehre gespielt; sie wurde außerdem von der Historischen Schule in Deutschland und vom Institutionalismus in den Vereinigten Staaten aufgegriffen. In neuester Zeit hat sie wieder einen allgemeineren Stellenwert bekommen.

2. Die Legalisten

Parallel und in Antagonismus zum Konfuzianismus entwickelte sich eine andere Lehre, die die Berufung auf die Ethik ausdrücklich verwarf. Es handelt sich um die sogenannte Schule der Legalisten. Diese behaupten, daß nur den Gesetzen, nicht der Ethik, ordnende Kraft zukommt. Daher stammt auch die Bezeichnung »Legalisten«, abgeleitet von lat. lex (= das Gesetz). Die Berufung auf das Gesetz – das im Chinesischen das »fa« heißt und ursprünglich einfach die quantifizierbare Norm bedeutete – entspricht in besonderem Ausmaß der europäischen Denkweise. China ist in den folgenden zwei Jahrtausenden doch dem Konfuzianismus und seiner Vorstellung einer ethischen Ordnung – dem »li«, wie es im Chinesischen heißt –, treu geblieben, während in Europa die Idee, daß der Staat eine Rechtsgemeinschaft sei, die durch positive Gesetze geregelt werden muß, in den Vordergrund trat. Dies war der Grundgedanke des Römischen Imperiums, der bis zum heutigen Tag in Europa maßgebend geblieben ist.[3]

Das Primat des Rechts, das mit polizeilicher Gewalt durchgesetzt wird, entbindet den Menschen weitgehend von der ethischen Verantwortung und gibt den Raum frei für die Durchsetzung der Eigeninteressen, soweit sie durch die Rechtsordnung ermöglicht werden bzw. erlaubt sind. Dadurch wird die Stellung des homo oeconomicus wesentlich gestärkt.

Auch die chinesischen Legalisten gehen von der Figur des homo oeconomicus aus. Dies wird in den Ausführungen des Legalisten Han Fei deutlich. Er sagt: »Der Pferdehalter liebt die Pferde, weil er auf ihnen reiten will. Der Prinz liebt sein Volk, weil es für ihn kämpfen kann. Der Arzt saugt das Blut aus der Wunde eines Patienten, nicht, weil er blutsverwandt ist, sondern weil er einen Gewinn davon hat. Ein Handwerker, der Wagen fabriziert, wünscht, daß viele Menschen reich und vornehm werden, aber ein Handwerker, der Särge herstellt, wünscht, daß die Menschen schon jung sterben. Dieser Unterschied erklärt sich nicht durch das Wohlwollen des ersteren und die Böswilligkeit des letzteren. Es ergibt sich vielmehr daraus, daß Wagen nicht verkauft werden können, wenn es keine reichen und vornehmen Leute gibt, und Särge nicht nachgefragt werden, wenn Leute nicht sterben. Es ist nicht so, daß es in der menschlichen Natur liegt, andere zu hassen, aber die Menschen wollen Gewinn machen selbst auf Kosten des Todes anderer«.[4]

Der Herrscher kann nun aber – darauf richtet sich das spezielle Interesse der Legalisten – die Eigeninteressen der Bürger zu seinen Gunsten instrumentalisieren, d.h. seine Macht dadurch stärken, daß er sie entweder durch materielle Vorteile privilegiert oder durch materielle Nachteile bestraft. In diesem Sinne hat der homo politicus Vorrang vor dem homo oeconomicus, allerdings nicht in der Person des Bürgers, sondern in der Person des Herrschers; der homo oeconomicus ist dem homo politicus untergeordnet.

Die Vorstellung, daß der Herrscher danach streben soll, sein Reich in einen Zustand zu bringen, in dem die Menschen zufrieden sind, ist gemäß Han Fei vollkommen verfehlt. Im Gegenteil: das darf nie geschehen, denn zufriedene Menschen werden faul und verschwenderisch. Dazu wird es seiner Auffassung gemäß allerdings auch nie kommen, da tendenziell die Bevölkerung über den Nahrungsmittelspielraum hinaus wächst. Viele Menschen werden also hungrig bleiben.

Mit dieser Vorstellung nimmt Han Fei die Bevölkerungstheorie von Sir Robert Malthus (1766–1834) vorweg, der mit dem übermäßigen Bevölkerungswachstum die Existenz der Armut in England erklärte. Han Fei wendet sich gegen Landverteilung an die Armen und andere soziale Unterstützungsmaßnahmen mit der Begründung: »Wenn der Herrscher den Reichen etwas wegnimmt und den Armen gibt, dann nimmt er etwas von denen, die sorgsam und andauernd arbeiten, und gibt es denen, die sich nicht anstrengen wollen und vergeuden.«[5] Auch dies ist ganz im Sinne von Malthus und anderen englischen Klassikern, die sich entschieden gegen die Armengesetze wehrten, welche zu ihrer Zeit eingeführt werden sollten.

In zweierlei Hinsicht unterscheidet sich aber Han Fei doch von der klassischen englischen Nationalökonomie.

Einmal hat für ihn die Landwirtschaft die größere Bedeutung als Handwerk und Handel. Jene nennt er das »Fundament«, diese die »Peripherie« – eine Unterscheidung, die vom späteren Konfuzianismus übernommen wurde. In dieser Hinsicht steht Han Fei der französischen Schule der Physiokraten des 18. Jahrhunderts nahe, die nur die Landwirtschaft als »produktiv« erklärten, während Handwerk und Handel als »steril« galten.

Vor allem aber ist das System der Legalisten auf die Erhaltung der Staatsmacht ausgerichtet. Privateigentum und Markt werden – immer im Rahmen einer feudalen Ordnung – nicht in Frage gestellt. Aber der wichtigste Zweck der Wirtschaft ist, »den Staat in Friedenszeiten reicher zu machen und die Armee in Zeiten des Krieges zu unterstützen«[6]. In dieser Hinsicht ist Han Fei eher den Merkantilisten zuzuordnen, d.h. den französischen und englischen Ökonomen des 16. bis 18. Jahrhunderts, die in der Stärkung der Wirtschaft vor allem auch eine Unterstützung des absoluten Herrschers als einer besonderen Form des homo politicus sahen. Der Herrscher nutzt den Eigennutz der Untertanen, um seine Macht zu stärken.

3. Die Lehre des »Guan Tse«

Obwohl die Lehren des Konfuzianismus und der Legalisten wesentliche Überlegungen zur marktwirtschaftlichen Ordnung enthalten, so erklären sie doch kaum, wie der Markt selber funktioniert. Eine solche Marktlehre im engeren Sinne wird aber in einer dritten Schule entwickelt, nämlich im Buch »Guan Tse«, das im 3. Jahrhundert v. Chr. entstanden ist. Als Autor gilt Guan Zhong; es sind aber offensichtlich mehrere Autoren daran beteiligt gewesen. Diese sind beeinflußt durch die frühere Schule von Mo Di (468–367 v. Chr.), der im Gegensatz zu Konfuzius den Eigennutzen zur Grundlage des Wirtschaftens machte, aber im Zusammenwirken der Eigennutzen den gemeinsamen Nutzen entstehen sah.

»Guan Tse« geht von einem materialistischen Standpunkt aus: »Die Menschen achten die Sitten nur, wenn die Speicher voll sind, und kümmern sich um Ehre und Unehre nur, wenn sie Kleidung und Nahrung haben«[7]. Vielleicht hat Bert Brecht, der sich ja ausgiebig mit den chinesischen Denkern befaßt hat, diesen Passus gelesen, bevor er in der Dreigroschenoper schrieb: »Erst kommt das Fressen, dann kommt die Moral.«!

Im Gegensatz zu den Legalisten waren die Verfasser des »Guan Tse« der Meinung, daß der Herrscher den Menschen zu Reichtum verhelfen sollte; denn Armut führe leicht zur Rebellion. Darum ist ein gut regierter Staat immer ein reicher Staat, ein Herrscher, »der ein guter Herrscher ist, wird daher zuerst sein Volk reich machen. Er muß bewirken, daß das bebaute Land und die Städte prosperieren ..., die Speicher sich füllen und die Gefängnisse leer sind.«[8]

Um dieses Ziel zu erreichen, soll der Herrscher das Eigeninteresse der Menschen für sich nutzen. In dieser Hinsicht gleicht die Lehre des »Guan Tse« der Lehre der Legalisten. Aber die Verfolgung der Eigeninteressen hat durchaus einen Selbstzweck. Jedermann soll gut leben können. Es geht hier also eher darum, dem Herrscher zu versichern, es sei in seinem Interesse, die Interessen aller zu fördern. Wenn die Menschen dem Eigeninteresse folgen, so heißt es, »gehen sie vorwärts, ohne daß jemand sie stoßen oder jemand sie ziehen muß, und der Herrscher gerät in keine Schwierigkeiten, während das Volk ganz von selbst reich wird. Es wird sein wie ein Vogel, der auf seinen Jungen brütet, still und schweigend da sitzt, indem er darauf wartet, daß die Jungen aus den Eiern schlüpfen.«[9]

Daraus folgt nicht, daß der Staat sich vollständig aus der Wirtschaft heraushalten soll. Er soll sich aber möglichst direkter Eingriffe enthalten. Eine gewisse Teilnahme des Staates am Markt ist jedoch erlaubt und geboten.

Im Zentrum steht eindeutig der Markt selbst. Er wird reguliert durch die Preise. Ihre jeweilige Höhe wird erklärt durch die »Leicht-Schwer-Theorie«. Die Güter gelten als schwer, wenn sie teuer sind, und leicht, wenn sie billig sind. Sie sind teuer, wenn das Angebot knapp ist im Verhältnis zur Nachfrage, im umgekehrten Fall sind sie billig. Dabei geht es vor allem um die künstliche Verknappung: Wenn Güter gehortet oder in Erwartung steigender Preise vom Markt zurückgehalten werden, werden sie schwer, sobald sie enthortet bzw. auf den Markt gebracht werden, werden sie wieder leicht. Die Preise werden daher immer schwanken; es gibt keine eindeutig, z. B. durch die Produktionskosten determinierten Preise.

Eine besondere Rolle spielt die »Leicht-Schwer-Theorie« bezüglich des Güter-Dreiecks »Geld-Getreide-übrige Waren«. Die »übrigen Waren« werden zusammengefaßt in einem allgemeinen Warenkorb. Es kommt immer auf die Relationen zwischen diesen drei Gütern an. Wenn Geld schwer ist, ist der Warenkorb leicht, das heißt: das Preisniveau ist tief und der Geldwert – das ist der »Preis« des Geldes – hoch. Ähnliches gilt für das Verhältnis von Geld und Getreide und von Getreide und dem Warenkorb.

Das Besondere an dieser Feststellung ist die Möglichkeit der Einflußnahme des Staates auf diese Relationen. Insbesondere kommt der Geldpolitik, d. h. der Erhöhung oder Verknappung der umlaufenden Geldmenge – es handelt sich immer um Metallgeld – die Rolle zu, unabhängig von der Variation der Einzelpreise das allgemeine Preisniveau einigermaßen stabil zu halten. Dies ist ja eine durchaus moderne Vorstellung. Darüber hinaus konnte und sollte aber der Staat durch geschickte »Buffer-Stock-Politik« sowie die Kreditgewährung an die Bauern zur Überbrückung der Zeit zwischen Saat und Ernte die Getreidepreisschwankungen in Grenzen halten. Dies war in der damaligen Zeit natürlich von größerer Bedeutung als heute, in der der Getreidemarkt weltweit organisiert ist und daher Preisschwankungen infolge unterschiedlicher Ernteergebnisse besser ausgeglichen werden können.

Generell gilt, daß unter *anomalen* Umständen, entweder bei zu reichlicher Getreideernte oder aber bei Mißernten die Schwere bzw. die Leichtigkeit des Getreides die Preise der übrigen Waren bestimmt, unter *normalen* Bedingungen aber die Menge des Geldes maßgebend ist.

Eine eigentliche Werttheorie, d. h. eine Orientierung der Preise an Werten, entweder im Sinne von Durchschnittskosten oder im Sinne des Grenznutzens bzw. der Grenzproduktivität, fehlt. Nur die immer wiederkehrende Bemerkung über Differenzen zwischen dem Marktpreis und einem Gleichgewichtspreis lassen vermuten, daß doch eine gewisse Wertvorstellung hinter der Preistheorie steht. Diese dürfte eher der klassischen Theorie der europäischen Nationalökonomie entsprechen, welche die Arbeit in den Mittelpunkt stellt. Der Boden ist zwar gemäß Guan Tse an der Produktion maßgeblich mitbeteiligt – deswegen kommt dem Bodenbesitzer auch eine Rente zu –, aber nur die Arbeit macht den Boden fruchtbar. Der entscheidende Faktor der Wertbildung ist daher die Arbeit (im Gegensatz zur Lehre der Legalisten, die ja die Bedeutung des Bodens hervorhoben).

In bezug auf die Verteilungsfrage sind die Verfasser von »Guan Tse« weniger extrem als die Legalisten. Die Differenz von »Reich« und »Arm« ist zwar naturgegeben. Ein gewisser Antagonismus zwischen diesen beiden Extremen wird daher immer bleiben. Aber man kann und soll im Interesse des inneren Friedens die Differenz nicht zu groß werden lassen. Die Ursachen für die Entstehung von Reichtum und Armut werden sehr differenziert betrachtet. Sie liegen zum einen in der unterschiedlichen Verteilung des Landes, d. h. in der Ausgangsverteilung des Vermögens – das wird anerkannt –, aber auch in den Unterschieden, die sich aus den größeren oder geringeren Fähigkeiten derjenigen ergeben, die das Land bearbeiten. Die

Ernteergebnisse sind im übrigen auch von den Witterungsbedingungen abhängig, die regional unterschiedlich sind. Aber auch die Steuern bzw. die Erhebung der Steuern kann eine große Rolle spielen. Diese sollen vor allem nicht in Zeiten von Mißernten erhoben werden, um den Bauer nicht zu zwingen, die geringe Getreideernte (zu) billig zu verkaufen, nur um die Steuer zahlen zu können. Im übrigen sollte der Staat die Geld- und Getreidepreise so lenken, daß die Reichen sich nicht durch spekulative Preissteigerungen an den Armen noch zusätzlich bereichern können.

Die Einkünfte des Staates resultieren vor allem aus seiner Beteiligung am Markt. Darüber hinaus sind fiskalische Monopole zugelassen, sowie Steuern; diese sollen jedoch nicht zu hoch sein. Auch eine »ökologische Steuerreform« ist vorgesehen, natürlich nicht aus ökologischen, sondern aus fiskalischen Gründen. Die Verfasser von »Guan Tse« schlagen statt einer Steuer, welche die Arbeit belastet, vor, eine Steuer auf »Berg- und Wasserressourcen« zu erheben, also eine Steuer auf die Gewinnung bzw. die Nutzung von Rohstoffen, Wald, Weideland, Kanälen und dergleichen.

Alle diese Regelungen ergänzen den Marktmechanismus, sie ersetzen ihn aber nicht; denn – so lautet das Hauptcredo von »Guan Tse« -: »Der Markt ist ein Instrument zur Gewinnung von Reichtum aus Himmel und Erde, und ist gemeinsam und vorteilhaft für alle Menschen.«[10]

Man könnte die Verfasser des »Guan Tse« als Vertreter einer sozialen Marktwirtschaft auffassen, in welcher der rationale homo oeconomicus im Zentrum steht, wie ihn Gebhard Kirchgässner in seinem einschlägigen Buch »Homo oeconomicus« beschreibt.[11] Der Markt ist die Grundlage der Wirtschaft. Der Staat tritt als Partner des Marktes auf, im besonderem Maße als Verantwortlicher für das Geld und die Geldpolitik, die für die Preisstabilität zu sorgen hat, sowie als Verantwortlicher für einen gewissen Einkommensausgleich. Man darf daher »Guan Tse« durchaus in die Nähe der herkömmlichen europäischen Nationalökonomie als ganze stellen, allerdings weniger im Sinne der reinen Lehre als im Sinne einer pragmatischen Fassung derselben.

Neben den drei genannten Denkrichtungen, die alle auf der Marktordnung aufbauen, gibt es in der chinesischen Tradition auch zwei Denkrichtungen, die sich vom Markt distanzieren. Sie enthalten allerdings nur Idealvorstellungen, keine ausgereiften Theorien. Sie haben ebenfalls Parallelen im europäischen Denken.

Es handelt sich um die Lehre der »Großen Harmonie« und die Lehre des Taoismus.

4. Die Lehre von der »großen Harmonie«

Die Lehre von der »großen Harmonie« beruht auf der Idee des Gemeinbesitzes, also auf der des Kommunismus, in welchem alle Menschen solidarisch sind und miteinander auf freiwilliger Basis kooperieren. An die Stelle des »homo oeconomicus« tritt der »homo socialis«, der sozusagen a priori gemeinschaftlich denkt und handelt.

Die Beschreibung dieses Idealbildes findet sich im »Buch der Riten«, eines der kanonischen Bücher des Konfuzianismus. Es ist aber unwahrscheinlich, daß es von Konfuzius selber stammt. Der Text wurde seit dem 19. Jahrhundert auch als Vorbild für den chinesischen Sozialismus angesehen. Dieser kurze durchaus eindrucksvolle utopische Text sei hier in extenso zitiert: »Wenn der große Weg sich öffnet, wird alles unter dem Himmel allen gehören. Es werden die weisen und fähigen Männer für die Ämter ausgewählt werden. Glaube und Treue wird hochgehalten, es herrscht gegenseitiges Wohlwollen. Man sorgt nicht nur für die eigenen Eltern und die eigenen Kinder. Es gibt einen glücklichen Lebensabend für die Alten, Arbeit für die Erwachsenen und Entwicklungsmöglichkeiten für die Jungen, während Witwer, Witwen, Waisen, Kinderlose, Krüppel und Kranke immer versorgt werden. Der Mann wird heiraten können, und die Frau wird ihr Heim haben. Man wird nicht müßig gehen und die Dinge ungenutzt liegen lassen, aber sie auch nicht nur für sich selbst behalten. Man fühlt sich unwohl, wenn man nicht genügend Energie aufbringt, um etwas zu leisten, aber man wird die Energie nicht nur für sich selbst nutzen. Da es so ist, wird es keine Verschwörungen und Intrigen mehr geben; Raub, Diebstahl, Zwietracht und Rebellion werden aufhören, da keine Ursache mehr für sie besteht. Dann braucht man auch nicht mehr seine Haustür zu schließen. Das ist es, was wir die Große Harmonie nennen.«[12]

»Dann braucht man auch nicht mehr seine Haustür zu schließen«! Es ist interessant, daß die gleiche Vorstellung auch in Europa zur Charakterisierung des Kommunismus dient. Plato (427–347 v. Chr.), von dem der erste kommunistische Entwurf stammt – er beschränkt den Kommunismus allerdings auf die herrschende Schicht der »Krieger« oder »Wächter« – schreibt vor, daß diese »keine Wohnung und keine Vorratskammer besitzen, wo nicht jeder nach Belieben Zutritt hat.«[13] Und Thomas Morus (1478–1535), der in seiner »Utopie« den platonischen Kommunismus verallgemeinert, präzisiert: »Die Türen der Häuser lassen sich durch ein leichtes Ziehen mit der Hand öffnen – sie schließen sich von selbst wieder – und verwehren niemand den Eintritt.«[14] Solche Parallelen bis ins Detail sind bemerkenswert!

Eine andere Parallele ist allerdings bedeutender. Sie betrifft die Abwehr der kommunistischen Postulate. Relativ kurze Zeit nach ihrer Aufstellung im 5. Jahrhundert, im Buch der »Riten« und im Platonischen »Staat«, wird wieder, wie wir schon wissen, die Bedeutung des Privateigentums hervorgehoben, in China durch Menzius, in Europa durch Aristoteles. Beide weisen allerdings auch, sozusagen als flankierende Maßnahme, auf die Bedeutung ethischer Anforderungen hin (Menzius) bzw. begründen sie erst (Aristoteles).

5. Der Taoismus

Während sich die »Große Harmonie« von der Marktwirtschaft vor allem durch das Postulat des Gemeineigentums abhebt, unterscheidet sich der Taoismus von der Marktwirtschaft durch die Ablehnung der Arbeitsteilung, die ja den Markt erst notwendig macht. Der Taoismus befürwortet eine Wirtschaft, die vor allem auf Selbstversorgung beruht. Sein Hauptvertreter ist

Lao Tse, der im 4. oder 3. Jahrhundert v. Chr. lebte; genau weiß man es nicht.

In Opposition zu den damaligen Expansionsbewegungen der verschiedenen Staaten und der wirtschaftlichen Entwicklung wird von ihm das Ideal der »kleinen Staaten mit wenigen Menschen« aufgestellt. Berühmt ist folgender Passus: »Obwohl Boote vorhanden sind und Wagen, wird man keinen Gebrauch von ihnen machen, und obwohl man Rüstungen und Waffen hat, wird man nicht kämpfen. Die Menschen werden wieder lernen, Knoten in Schnüre zu machen, um ihr Gedächtnis zu stützen, anstatt die Schrift zu gebrauchen. Alle werden genug zu essen haben, recht gekleidet sein, das Leben zu Hause genießen – jedes Dorf ist ein eigener Staat – und mit den örtlichen Sitten zufrieden sein. Nachbarstaaten werden in Sichtweite sein, und man wird gegenseitig das Krähen der Hähne und das Bellen der Hunde hören, aber die Nachbarn werden sich im ganzen Leben nie besuchen.«[15]

Das Ziel ist Zufriedenheit. Wenn man sich mit dem begnügt, was man hat, ist man reich. Wenn man nach mehr strebt, ist man arm. Man soll reich werden durch Zufriedenheit. Das ist die Grundregel. Der Mensch soll rechtschaffen sein. Er soll nicht Reichtum und Geld akkumulieren; denn der Weg des Himmels steht in Opposition dazu.

Leistung ist keine Tugend. Es gilt vielmehr: »Die Tüchtigen nicht bevorzugen, so macht man, daß das Volk nicht streitet. Köstlichkeiten nicht schützen, so macht man, daß das Volk nicht stiehlt. Nichts Begehrenswertes zeigen, so macht man, daß das volle Herz nicht wirr wird.«[16]

Man könnte diese taoistische Schule auch als fundamentalökologisch bezeichnen. Sie mißt der natürlichen Ursprünglichkeit aller Dinge die größte Bedeutung zu. In ihr liegt der größte Wert. Darum ist ein nicht bearbeitetes Holz besser als ein bearbeitetes, und sogenannte primitive Menschen besser als die zivilisierten; denn sie standen bzw. stehen der Natur der Dinge näher. Das Menschenbild des Taoismus ist – so könnte man vielleicht sagen – jenes des »homo oecologicus«, der sich auf seinen natürlichen Ursprung besinnt und darum auch in seinem ökonomischen Tun die Natur möglichst wenig verändern will.

Die taoistischen Postulate ließen sich natürlich nicht verwirklichen. Trotzdem hatten sie in China in Verbindung mit konfuzianischen und ab dem 6. Jahrhundert n. Chr. auch mit buddhistischen Elementen einen beträchtlichen Einfluß auf die spätere Entwicklung im Sinne einer Zurückhaltung gegenüber den moderneren Ideen, wie sie vor allem von den Legalisten und Guan Tse vertreten wurden.

So radikale Postulate, wie sie der Taoismus vortrug, gab es in Europa nicht, obwohl die Sehnsucht nach Einfachheit und Ursprünglichkeit auch eine gewisse Konstante des europäischen Denkens war und ist. Aber man könnte doch einige Denker nennen, deren Überlegungen sich mit einzelnen Vorstellungen des Taoismus decken. Es sei hier nur auf Jean Jacques Rousseau (1712–1778) verwiesen mit seinem Slogan »Retour à la nature« (»Zurück zur Natur«).

Als Fazit dieses kurzen Überblicks stellen wir fest, daß auch in der chinesischen Ökonomie

- dem Menschenbild des auf Eigennutz bedachten »homo oeconomicus« eine entscheidende Bedeutung zukommt,

daß aber in ihr doch andere »homines« den Gang der Wirtschaft maßgeblich mitbestimmen, es sind dies

- der »homo ethicus«, der sich bestimmten allgemeingültigen, nicht von der jeweiligen Interessenlage abhängigen Regeln unterwirft;
- der »homo politicus« im Sinne des Herrschers, der sich den Eigennutz der anderen zunutze macht, um seinen Machtanspruch durchzusetzen (Reichtum- und Machtstreben ist ja – dessen muß man sich immer bewußt sein – keineswegs identisch!);
- der »homo socialis«, der sich in seinem Selbstverständnis a priori als Teil einer Gemeinschaft betrachtet,
- und der »homo oecologicus«, der sich als Teil der Natur empfindet und sich an den natürlichen Kreisläufen orientiert.

Jeder Mensch trägt alle diese Menschenbilder in sich. Wenn wir den Menschen in seiner Ganzheit erfassen wollen – auch in der Wirtschaft! –, kann für uns die chinesische Ökonomik wegweisend sein.

Wo Geldwirtschaft entsteht, verändert sich der Mensch

Ein Beispiel aus Sibirien

In einem Zeitungsbericht der *Neuen Zürcher Zeitung*[1] über die Ewenken und Burjaten, zwei sibirische Völker, die am Baikalsee leben, wird darauf hingewiesen, daß sie lange Zeit einen archaischen Lebensstil bewahren konnten und sich nur zögernd auf die moderne Lebensweise einlassen. In diesem Bericht schildert der Verfasser seinen Besuch bei einer Ewenkenfamilie. Er schreibt:

> Zum Frühstück gibt's Tee, wie immer, Bratkartoffeln, weichgekochte Eier und rohen Fisch aus dem Baikalsee, den Schenja kurz vor der Jagd noch gefangen hatte. Wie schon sein Vater, fährt auch er auf den See hinaus und weiß alles über Wind und Tiere. Und doch unterscheidet sich Schenja von seinem Vater, der sagt: ›Nimm so viele Fische aus dem See, wie du unbedingt zum Leben brauchst, nimm keinen Fisch mehr, die Natur will es so.‹ Schenja fischt heimlich ein Mehrfaches und bringt die Fische an einen anderen Ort, bevor er ins Dorf zurückkehrt, damit sein Vater nichts davon erfährt.

Diese Schilderung von Schenja, der mehr fischt, als er unbedingt braucht, ist eine sehr genaue Darstellung des Anfangs des Wirtschaftswachstums. Es erhebt sich die Frage: Warum fängt der junge Fischer mehr Fische als sein Vater? Als erstes können wir die allgemeine Feststellung machen: Der Mensch ist offensichtlich ein Wesen, das fähig ist, mehr zu wollen, als es braucht. Beim Menschen müssen sich die Aussagen »man arbeitet, um zu essen« und »man ißt, um zu arbeiten« nicht die

Waage halten; vielmehr dominiert bei ihm die Aussage »man arbeitet, um zu essen«. Er ißt gerne mehr, als er braucht, um zu arbeiten. Das unterscheidet u. a. den Menschen vom Tier.

Aber diese Feststellung – so wichtig sie an und für sich ist – kann nicht genügen, wenn man erklären will, warum Schenja gerade am Ende des 20. Jahrhunderts anfängt, mehr zu fischen als sein Vater. Die Ewenken und Burjaten sind ein sehr altes Volk. Es ist überliefert, daß ein Teil der Ewenken und Burjaten nach Norden und Westen ausgewandert ist, und daß von ihnen die Indianer Amerikas und die Eskimos der nördlichen Polarkreise abstammen. Das war vor vielen Jahrtausenden. Seit dieser Zeit haben sie so gelebt wie Schenjas Vater. Die grundsätzliche anthropologische Fähigkeit, mehr zu wollen, als man braucht, kann daher nicht die Erklärung dafür sein, warum Schenja 2000 Jahre nach Christi Geburt plötzlich anfängt, seine Fischbeute zu vergrößern.

Die anthropologische Erklärung trifft um so weniger zu, als sich erweist, daß die Menschen am Baikalsee früher gar nicht so schlecht gelebt haben, ja unter Umständen sogar besser als heute. Im genannten Bericht heißt es nämlich auch:

> Ihre Kultur betreffend, hat mir Professor Melnikow in Nowosibirsk versichert, sei heute erwiesen, daß diese Völker einen höheren Lebensstandard hatten als die Eroberer des Westens. Und tatsächlich stimmen alle Ewenken, die ich hier besuche, darin überein, daß sie früher mehr und bessere Kleider, mehr und gesünder zu essen hatten, große Hochzeiten feierten und daß sie kaum Krankheiten kannten, außer der Epilepsie, die von den Schamanen geheilt wurde.

Das heißt, sie haben auch früher schon in einem gewissen Ausmaß mehr gegessen, als sie brauchten, um zu arbeiten, aber sie hatten bei einem bestimmten Überschuß Halt gemacht. Sie wollten *mehr*, aber sie wollten nicht *immer* mehr. Offensichtlich hat dieses *immer mehr* wegen der ungleichen Verteilung dieses *mehr* sogar einen großen Teil der Bevölkerung ärmer gemacht.

Und trotzdem das plötzliche Begehren nach Steigerung des Ertrags und des Erlöses. Warum? Das Beispiel der Ewenken und Burjaten ist deswegen so interessant, weil hier eine weitere denkbare Antwort verwehrt wird, die uns Europäern besonders naheliegt, wenn wir unser Streben nach ständiger Steigerung der Überschüsse verstehen wollen. Wir sagen, daß unsere Kultur dafür verantwortlich ist, weil sie durch die jüdisch-christlich-griechische Tradition geprägt ist und diese Tradition in spezifischer Weise den Menschen von der Natur entfernt, ihn der Natur gegenüberstellt. So wird er in die Lage versetzt, sie mit Hilfe der Technik zu manipulieren, sich also nicht ihren Gesetzen zu fügen, sondern umgekehrt sich die Natur untertan zu machen. Ein Ableger dieser Tradition, nämlich der sozialistische Fortschrittsglaube, hat schließlich auch die sibirischen Völker erreicht. Keineswegs aber ist dieser Glaube – wenn man dem Bericht folgt – maßgebend für ihren Lebensstil geworden. Ihre eigene kulturelle Tradition blieb und bleibt für sie immer noch ausschlaggebend.

Was hat sich also wirklich geändert? Was ist zu Ende des 20. Jahrhunderts so neu, daß es Schenja zur Änderung seiner Wirtschaftsweise bewegen kann? Die Antwort ist eindeutig. Neu ist die Möglichkeit, einen Mehrertrag der Fische nicht einfach nur selbst zu verspeisen oder allenfalls bei den Nachbarn, die sich mehr der Landwirtschaft widmen, gegen Brot und Gemüse einzutauschen, sondern ihn auf dem Markt gegen Geld zu verkaufen. Die Geldwirtschaft ist neu – die Geldwirtschaft, die in der sozialistischen Wirtschaft zweifellos langsamer Fuß gefaßt hat als bei uns. Sie prägte aber schon vor dem Zusammenbruch der Sowjetunion auch im Osten bis hin nach Sibirien immer mehr das Wirtschaftsleben.

Schenja bekommt Geld, wenn er die Fische verkauft. Das Geld aber läßt sich anhäufen. Es verdirbt nicht. Es läßt sich ständig vermehren. Man hat von ihm nie genug. Denn es ist geeignet, gegen x-beliebige Konsumgüter eingetauscht zu werden, auch gegen solche, die man noch gar nicht kennt, aber schon irgendwie erträumt. Aber man kann Geld nicht nur gegen Konsumgüter eintauschen, sondern auch gegen Investitionsgüter, z.B. gegen ein größeres Boot, mit dem es möglich ist, noch mehr zu fischen, noch mehr Geld zu erwirtschaften. Oder man kann das Geld auf einem Sparguthaben anlegen, das einen Zins trägt, so daß sich das Geld, wie es scheint, von selbst vermehrt. Lohnt es sich wegen einer solchen Möglichkeit nicht, mehr, immer mehr Fische zu fangen? Schenja hat diese Frage mit Ja beantwortet.

Noch etwas anderes wird aber an diesem Beispiel deutlich. Es demonstriert, was *produzieren* eigentlich heißt und woher der Mehrertrag stammt, der sich in Geld verwandelt. Er stammt im wesentlichen aus der Natur, aus der Ausbeutung der Natur im wörtlichen Sinne, z.B. aus der Beute beim Fischfang. Und Mehrproduktion bedeutet vor allem: Vermehrung der Beute. Dies muß deutlich hervorgehoben werden. Denn immer noch herrscht die Vorstellung, daß der Mehrertrag entweder aus der Ausbeutung der Arbeit stamme oder aber das Resultat eisernen Leistungswillens, in Kombination mit großer Sparsamkeit oder intensiver Forschung sei.

Selbstverständlich spielen diese beiden Faktoren ebenfalls eine Rolle. Dabei können sie sogar manchmal zusammenfallen, wie etwa bei Schenja, der sicher länger fischen und auf einen Teil seiner Muße verzichten mußte, wenn er mehr Fische fing. Diesen Mehraufwand an Arbeitszeit kann man dann ebensogut als Selbstausbeutung wie als eisernen Fleiß deuten. Er mußte vielleicht auch einmal auf Konsum von Fischen verzichten, um mehr Fische auf dem Markt verkaufen zu können. Er hat also auch gespart. Aber dies ist nicht entscheidend. Entscheidend ist, daß dieser zusätzliche Aufwand an Arbeit und Sparen, wenn er einmal stattgefunden hat, später wieder durch zusätzliche Ausbeutung der Natur reduziert werden kann, nämlich durch Ausbeutung von Energiequellen, die genügend Energie liefern, um die bisher aufgewendete Arbeit zu ersetzen, und darüber hinaus auch zu verdoppeln, zu verzehnfachen, zu verhundertfachen. Schenja kann, unter Umständen auf Kredit, z.B. ein Motorboot kaufen und in kürzerer Zeit ein Vielfaches von dem fischen, was er ohne Benzin fischen konnte. Dadurch kann er die Selbstausbeutung bzw. seinen Fleiß oder seinen Sparwillen wieder einschränken.

Allerdings ist zuzugeben: Irgendwann vorher und woanders hat auch die Erfindungsgabe in diesem Prozeß eine Rolle gespielt. Dies bleibt gültig. Zweifellos liefert der menschliche

Geist neben der Natur einen dauernden zusätzlichen Beitrag zum Mehrertrag. Ja, der Geist kann auch zum Teil die Natur ergänzen, wenn neue Güter produziert werden, die sich vor allem durch Qualität auszeichnen. Aber das darf nicht darüber hinwegtäuschen, daß die Mehrproduktion – immer noch – vor allem aus der Natur stammt und der Geist meist nur der Förderung dieser Mehrproduktion dient. Das beweist der steigende Rohstoffverbrauch.

Produktion heißt daher – weiterhin – vor allem Verwandlung von Natur in geldwerte Waren und schließlich in Geld, und zwar in Geld, das sich selber in seiner Substanz immer mehr von der Natur löst, weil es aus bloßem Papier beliebig hergestellt werden kann und schließlich nur noch aus Zahlen besteht, die in Bankkonten aufgeschrieben werden (Buchgeld). Es kann deshalb praktisch auch unendlich vermehrt werden, ohne an natürliche Grenzen zu stoßen. Man spricht somit zu Recht von Geld-*Schöpfung*. Indem alle Produkte unter dem Geldaspekt erscheinen, lösen sich die Bande, welche die Produktion ursprünglich an die – begrenzte – Natur gebunden hatten: Die Natur erscheint im Bereich der Geldwerte auf einmal ebenso unendlich vermehrbar wie das Geld selbst. In Wirklichkeit wird sie aber gerade wegen dieser scheinbaren Unendlichkeit erst recht ausgebeutet und zerstört, wenn bestimmte Grenzen der Beanspruchung überschritten werden.

Wir haben so die Bedeutung des Geldes als Lockmittel zum Wachstum der Wirtschaft erkannt. Aber: Ist es nicht in unser Belieben gestellt, ob wir uns locken lassen wollen oder nicht? Besteht die Lockung einfach darin, daß durch das Geld die Möglichkeit geschaffen wird, natürliche Ressourcen oder Waren aus dem Boden oder aus Regionen herbeizuholen, die man gar nicht kennt, deren ökologischer Begrenzungen man sich nicht bewußt ist und die daher als unerschöpfliche Reservoire von Ressourcen- oder Warenvorräten erscheinen? Ist es daher nicht einfach notwendig, sich deutlich zu machen, daß es ein Raumschiff Erde gibt und daß dieses Raumschiff Erde eine einheitliche, in sich geschlossene ökologische Nische ist, deren *carrying capacity* genauso Rechnung getragen werden muß wie derjenigen des Baikalsees, nur jetzt eben insgesamt, für die ganze Menschheit, nicht mehr lokal für die Ewenken und Burjaten? Das mag schwierig sein, weil es nicht nur vieler Informationen bedarf, sondern auch der Bereitschaft, diese Informationen aufzunehmen, die ja nicht mehr wie früher vom Vater auf den Sohn vererbt werden. Aber – so läßt sich argumentieren – es muß doch möglich sein.

Man müßte offensichtlich nur beherzigen, was Konrad Lorenz, der große Biologe und Mahner für den Schutz der Umwelt, einmal gesagt hat:

> Das ist die Romantik der Nichtromantiker, daß man alles machen kann. Die glauben, daß, wenn die nächste große Energiekrise eintritt, man Energie aus dem Nichts erzeugen wird: Wenn ich mehr und mehr Energie erzeuge, bringe ich [aber] den Planeten um (...). Die wollen doch nur verkaufen, verkaufen, verkaufen. Wir brauchen Energie, weil man uns Gegenstände verkaufen will, zu deren Erzeugung man viel Energie braucht. In Wahrheit brauchen wir das alles gar nicht.

Und er fügt hinzu:

> [Es geht] um die Wiederherstellung der unmittelbaren Wirklichkeit der Natur.[2]

Es geht also, so meint Lorenz, darum, das Wissen von Schenjas Vater auf die ganze Menschheit zu übertragen.

Dieses Wissen ist zweifellos notwendig, wenn wir die ökologische Krise überwinden wollen, in die wir geraten sind. Aber genügt es? Genügt es, um den Weg, den Schenja eingeschlagen hat, wieder zu verlassen? Solange wir nur bei Schenja und seiner Wirtschaftsweise bleiben, scheint diese Antwort positiv beantwortet werden zu können. Warum soll Schenja nicht einfach wieder zur Genügsamkeit zurückkehren, zu einem Fischfang, der ihm und seiner Familie genügt, vielleicht sogar reichlich genügt, aber doch schließlich genügt? Er hat einen Ausflug in den Überfluß gemacht, aber er kann – aus Einsicht – wieder zum ursprünglichen Zustand zurückkehren.

Was hindert ihn daran als eben die mangelnde Einsicht? Wenn diese fehlt, dann muß man eben die Bemühungen um diese Einsicht verstärken!

Aber vielleicht genügt heute die bloße Einsicht nicht mehr? Vielleicht läßt das Geld den Menschen nicht mehr los, wenn er sich einmal seiner Logik unterworfen hat. Vielleicht gibt es tatsächlich einen Zwang zum quantitativen Wachstum der Wirtschaft, d. h. zur forcierten Unterwerfung der Natur unter die Zwecke der Ökonomie – einen Zwang, der nicht gegeben ist außerhalb der Geldwirtschaft. Vielleicht ist er auch noch nicht gegeben am Anfang der Geldwirtschaft, in der Wirtschaftsweise Schenjas. Er scheint aber zunehmend stärker zu werden, je mehr man das Geld vor allem zu Investitionszwecken sowie zum Ausbau der Infrastruktur benötigt, d. h. zur Bereitstellung von Geräten und Maschinen verwendet, die dazu dienen, die Natur noch besser, noch vollständiger in den Griff zu bekommen.

Vieles spricht dafür. Schon Schenja dürfte es schwerfallen, auf den größeren Fischfang zu verzichten, wenn er einmal ein Boot gekauft und dafür einen Kredit aufgenommen hat, in Erwartung künftiger Mehrerträge, wenn also das Boot zu Kapital geworden ist, das sich rentieren muß. Erst recht gilt dies aber für die heutige Wirtschaft, die in ihrer Gesamtheit auf ein dichtes Netz von Kreditbeziehungen aufbaut. Diese werden im wesentlichen getragen vom Bankensystem, das über die Kreditgewährungen neues Geld = Bankgeld (sowohl im Sinne von Papier- wie Buchgeld) schafft, wobei das neue stoffwertlose Geld gesamtwirtschaftlich nur so weit Geltung hat bzw. behält, als sich die Kredite durch Gewinne aus den mit diesen Krediten finanzierten Investitionen rechtfertigen. Das neue Geld ist ja nichts anderes als Schulden des Bankensystems, die man als Schulden (= Forderungen gegenüber der Bank) stehen bzw. gelten läßt, weil man über sie zu Zahlungszwecken, d. h. als Geld, verfügen kann. Dies setzt aber die Zahlungsmöglichkeit der Banken und als Grundlage dafür die Rentabilität der Wirtschaft voraus. Wenn diese nicht gegeben ist, wenn die Kapitalanlagen nicht halten, was sie versprechen, gerät das ganze Kreditnetz und damit die Wirtschaft in Unordnung und unter

Umständen in eine Krise. Nicht nur das Kapital, sondern auch das neue Geld würde wertlos.

Diese Vernetzungen erschweren es, vom einmal eingeschlagenen Weg Abstand zu nehmen. Denn wie sollen gesamtwirtschaftlich Gewinne in Geld erzielt werden, wenn nicht ständig neues Geld zufließt? Gewinne sind ja schließlich nichts anderes als ein Überschuß der Geld-Einnahmen über die Geld-Ausgaben. Denen stehen selbstverständlich auch Verluste gegenüber, d. h. Überschüsse der Geld-Ausgaben über die Geld-Einnahmen. Die Wirtschaft funktioniert aber nur, wenn im Saldo die Gewinne dominieren. Wenn dies nicht der Fall ist, wenn kein Gewinnpolster vorhanden ist, würde jeder Verlust sofort zum Bankrott der Verlust-Betriebe führen, was zum Ausscheiden der betreffenden Betriebe führen müßte. Das Resultat wäre eine kumulative Schrumpfung der Wirtschaft.

Wie können aber die Gewinne dominieren, d. h. die Einnahmen insgesamt stets größer sein als die Ausgaben, wenn doch die Einnahmen der einen im Prinzip die Ausgaben der anderen sind? Offensichtlich nur, wenn ständig Geld zufließt. Dieser Zustrom von Geld erfolgt heute im wesentlichen über das Bankensystem mittels Kreditgewährung, d. h. durch die sogenannte Geld- und Kreditschöpfung. Die Kreditaufnahmen rechtfertigen sich aber – vom Staatssektor abgesehen – nur, wenn sie zu neuen gewinnbringenden Investitionen führen und aus den Gewinnen auch die Zinsen bezahlt werden können. Wenn man die Möglichkeit zur Kreditaufnahme oder zu gewinnbringenden Investitionen einschränkt, indem man z. B. den Zugriff zur Natur behindert, wird die Voraussetzung in Frage gestellt, auf der die moderne Wirtschaft aufbaut: die Möglichkeit zur gesamtwirtschaftlichen Gewinnerzielung, bei der sich der eine nicht nur auf Kosten eines anderen bereichert.

Die Problematik, vor der wir stehen, läßt sich im phänomenologischen Sinne verdeutlichen, wenn wir die alte Wirtschaftsweise von Schenjas Vater mit der modernen, auf Geldziele ausgerichteten Wirtschaftsweise bezüglich ihres spezifischen *Orts* und ihrer spezifischen *Zeit* vergleichen. Der Ort, in dem Schenjas Vater wirtschaftet, ist phänomenologisch gesehen, der in sich geschlossene Raum des Biotops (hier der Baikalsee). Die

Zeit ist entsprechend der ökologische Kreislauf, in dem sich in einem zeitlichen Rhythmus Entstehen und Vergehen abwechseln, so daß der Anfang immer wieder an das Ende anschließt.

Demgegenüber ist der phänomenologische Ort der neuen Geldwirtschaft, die mit Schenjas neuer Wirtschaftsweise beginnt, der Horizont. Es ist der Ort, der in dem Ausmaß in die Ferne rückt, als man auf ihn zuschreitet, obwohl er in endlicher Ferne zu liegen scheint. Die diesem Horizont der modernen Wirtschaft entsprechende Zeit ist deshalb diejenige des dauernden Fort-Schritts, mit dem man sich auf diesen Horizont zubewegt.

Der Distanz zum Horizont entspricht der Geldwert (Barwert) des investierten Kapitals, der sich aus der Vision der Zukunft – genauer: aus der Summe der auf heute bezogenen (durch den Zinssatz dividierten) zukünftigen Erträge – ergibt. Das Kapital entwertet sich zwar in dem Ausmaß, wie es sich real verbraucht, indem die Geräte und Maschinen, in denen sich das Kapital konkretisiert, veralten. Aber es wertet sich wieder auf durch die aus den Abschreibungen finanzierten Ersatzinvestitionen. So behält das Kapital in der fortschreitenden Zeit immer seinen Wert, ähnlich wie der Horizont immer in gleicher Distanz bleibt, auch wenn man sich ihm nähert.

Dieser Sachverhalt läßt sich in mathematischer Form verdeutlichen. Man investiert heute ein bestimmtes Kapitel, das erwartungsgemäß einen Jahresertrag in der Höhe von jeweils E abwirft. Der Barwert jeden Ertrags ist umso geringer, je später er anfällt. Der Barwert des gesamten investierten Kapitals B ist dann gleich der Summe der mit dem als konstant angenommenen Zinssatz i abgezinsten künftigen Erträge. Wenn man annimmt, daß die Erträge sich unendlich lang fortsetzen ($n \to \infty$), weil immer entsprechende Ersatzinvestitionen vorgenommen werden, ist der Barwert B des investierten Kapitals gemäß der Formel für die Summe einer unendlichen geometrischen Reihe:

$$B = \lim_{n \to \infty} = \frac{E_1}{(1+i)} + \frac{E_2}{(1+i)^2} + \cdots + \frac{E_n}{(1+i)} = \frac{E}{i}\,.$$

Der Barwert der Summe einer *unendlich* langen geometrischen Reihe ist also eine bestimmte *endliche* Größe. Es sei z. B. E = 100 DM und der jährliche Zinssatz betrage 4% (i = 0,04), so ist B = 1600 DM.

Zur Verdeutlichung des Vergleichs mit dem Horizont wollen wir von einer historischen Zeitreihe ausgehen und die einzelnen Jahre, für die der Barwert berechnet wird, getrennt betrachten. Nehmen wir an, wir investieren im Jahr 2000 einen bestimmten Betrag, der ab dem Jahr 2001 einen jährlich gleichen Ertrag E_t (t = 1, 2, 3, ...) abwirft; dabei identifizieren wir t = 0 mit dem Jahr 2000, t = 1 mit dem Jahr 2001, t = 2 mit dem Jahr 2002 usw. Es wird erwartet, daß die Ertragslage immer gleich bleibt. Dann gilt für den Barwert B_t (t = 0, 1, 2, ...):

$$B_0 = \lim_{n\to\infty} = \frac{E_1}{(1+i)} + \frac{E_2}{(1+i)^2} + \cdots + \frac{E_n}{(1+i)^n} = \frac{E}{i},$$

$$B_1 = \lim_{n\to\infty} = \frac{E_2}{(1+i)} + \frac{E_3}{(1+i)^2} + \cdots + \frac{E_n}{(1+i)^n} = \frac{E}{i},$$

$$B_2 = \lim_{n\to\infty} = \frac{E_3}{(1+i)} + \frac{E_4}{(1+i)^2} + \cdots + \frac{E_n}{(1+i)^n} = \frac{E}{i},$$

usw.

Obwohl jedes Jahr ein Ertrag E_t anfällt und konsumiert (!) wird, bleibt der Barwert immer gleich. Zwar werden im Barwert B_1 des Jahres 2001 der Ertrag E_1, im Barwert B_2 des Jahres 2002 die Erträge E_1 und E_2, im Barwert B_3 des Jahres 2003 die Erträge E_1, E_2 und E_3 usw. nicht mehr mitgezählt, weil sie konsumiert worden sind, aber aus dem Unendlichen wachsen stets neue (erwartete) Erträge zu!

Dem Barwert B_t entspricht die Distanz zum Horizont, die immer gleich bleibt, auch wenn man auf ihn zuschreitet, und dem Ertrag E_t, den man jährlich konsumiert, die Strecke, die man bei der »Annäherung« an den Horizont durchschreitet.

Der Horizont übt eine große Anziehungskraft aus: Er hat die Attraktivität des Entfernten, noch nicht Erreichten. Aber er liegt doch in sichtbarer Nähe. Man glaubt, ihn gleich erreichen zu können und bemerkt nicht, wie er sich dem Auf-ihn-zuschreitenden entzieht. Es ist ein Ziel, das immer Ziel bleibt. Es ist Gegenwart und Zukunft zugleich: gegenwärtige Zukunft.

Wir haben heute die schwierige Aufgabe, eine Verbindung herzustellen zwischen den Anforderungen, die sich aus der Phänomenologie des Horizonts ergeben und denjenigen, die zur Phänomenologie des Biotops gehören. Der erste Schritt dazu ist zweifellos, daß wir uns der ungeheuren Attraktivität des Horizonts, der steten Vergegenwärtigung der Zukunft, bewußt werden und auch der Tatsache, daß man den Weg auf den Horizont zu nicht ohne weiteres verlassen kann, ohne die Orientierung zu verlieren. Dann – erst dann – können und müssen wir allerdings auch die Schranken, die der Horizont bildet – jeder Horizont ist beschränkt! –, durchbrechen, um zu realisieren, daß die Welt rund und endlich ist und daß man beim Schreiten auf den Horizont zu schließlich wieder dort ankommt, von wo man ausgegangen ist: beim Biotop, das die Welt ist. Hier begegnet man auch wieder der Vergangenheit und den Schädigungen der Natur, die man – zu leichtfertig – in Kauf genommen hat, um Material und Energie zu gewinnen für den Bau des Weges zum Horizont.

Es gibt keine andere Lösung. Wir müssen versuchen, zu einem qualitativen Wachstum zu kommen, bei dem der Natur-Verbrauch zumindest nicht mehr gesteigert, wenn möglich aber vermindert wird. Wir müssen auf die schnelle Art des Reichtumserwerbs durch unbekümmerte Aneignung der *freien* Naturgüter verzichten. Die Investitionen müssen sich vor allem auf eine verbesserte Umformung von Materialien, auf neue, qualitativ bessere Produkte, auf Einsparung von Rohstoff- und Energieeinsatz und auf Vermeidung weiterer Umweltbelastungen konzentrieren. Der Raum für neue Inanspruchnahme von Natur ist nur dort frei, wo dies – noch – ohne weitere Schädigung der Natur möglich ist.

Dabei müssen wir uns bewußt sein, daß die Realität des Geldes (des Horizonts) mit der Realität der Natur (des Biotops) in Konflikt gerät. Wir müssen die Wirtschaft so ordnen, daß dieser Konflikt weder zu einer Wirtschaftskrise führt, weil wir die

Realität des Geldes nicht ernst nehmen, noch zu einer Umweltkrise, weil wir die Realität der Natur mißachten. Vielmehr gilt es, nicht nur die Möglichkeiten auszuschöpfen, welche die Dynamik des Geldes bietet, um neue Lösungen für eine umweltkonforme Ausrichtung der Investitionen zu finden, sondern auch diese Dynamik so zu bändigen, daß sie sich nicht verselbständigt und in ein nicht mehr kontrollierbares quantitatives Wachstum einmündet. Die Geld-Schöpfung, die im Belieben des Menschen steht, muß der Natur-Schöpfung, die nicht Sache des Menschen ist, untergeordnet werden. Wir müssen wieder Ökonomie lernen im ursprünglichen Sinne des »guten Haushaltens«. Dann – nur dann – kann es auch gelingen, die ökonomisch-ökologische Synthese herzustellen, die wir suchen.

Anmerkungen

Der Frevel Erysichthons als Ursprung der ökologischen Krise (S. 11–45)

1 Kallimachas, Hymnen, 6,24–117; für dieses Buch aus dem Griechischen ins Deutsche übersetzt von Urs Wyss

2 Publius Ovidius Naso, Metamorphosen, übertragen von Erich Rösch, Darmstadt 1977, S. 317

3 Wörtlich heißt es: »Der Fortschritt kann in nichts anderem bestehen als in der Minderung der Seltenheiten oder der Intensität des letzten befriedigten Bedürfnisses« (Léon Walras, Eléments d'économie politique pure ou théorie de la richesse sociale, 4. Auflage, Lausanne und Paris, 1900, S. 49, Übersetzung des Verfassers). Unter «Seltenheit« (rareté) oder »Intensität des letzten befriedigten Bedürfnisses« (intensité du dernier besoin satisfait) versteht Walras den Grenznutzen.

4 Vgl. dazu Fred Hirsch, Die sozialen Grenzen des Wachstums, Reinbek 1980, S. 52ff. Mit seiner Unterscheidung zwischen Gütern mit absolutem und solchen mit relativem Wert hat J.M. Keynes die Grundlage für die Theorie der Positionsgüter geschaffen. Vgl. J.M. Keynes, Economic Possibilities for our grandchildren, in: derselbe, Collected Writings, Bd. 9, London-Basingstoke, 1997, S. 321–332

5 Schon Adam Smith spricht von dem »Hang, sich vor anderen auszuzeichnen, der den Menschen so natürlich ist« (Adam Smith, Theorie der ethischen Gefühle, hrsg. von W. Eckstein, Hamburg 1977, S. 312). Heinz-Dieter Kittsteiner präzisiert: »Befriedigt wird [gemäß Adam Smith] dieser Trieb aber niemals dadurch, daß er an ein Ziel kommt, sondern Befriedigung verschafft allein der Akt seiner Betätigung. Ein Trieb, der irgendwann befriedigt werden könnte, wäre an sein Ende gekommen und hörte auf zu wirken. Es ist aber das Besondere dieses gesellschaftlich fundierten Triebes, daß er *maßlos* ist« (Heinz-Dieter Kittsteiner, Ethik und Teleologie: Das Problem der »unsichtbaren Hand« bei Adam Smith, in: Franz-Xaver Kaufmann, Hans-Günter Krüsselberg, Markt, Staat und Solidarität bei Adam Smith, Frankfurt a.M., New York 1984, S. 41–73, darin S. 48, Auszeichnung im Originaltext)

6 »Sprüche des Pittakos«, in: Wilhelm Capelle, Die Vorsokratiker, Stuttgart 1968, S. 66

7 In einem Kommentar einer alten französischen Ausgabe der »Metamorphosen« aus dem 18. Jahrhundert heißt es: »Es gibt Autoren, die behaupten, daß alle diese Verwandlungen den Preis bedeuten, den diejenigen zahlten, denen die Tochter diente« (Métamorphoses d'Ovide, traduites en françois par M. L'Abbé Banier, Zweiter Band, Paris 1757, S. 285)

8 Karl Marx, »Das Kapital«, Erster Band, Berlin 1972, S. 163

9 Pierre de Ronsard, Contre les Bûcherons de la Forêt de Gâtine, Übersetzung von Hanno Helbling, Gegen die Holzfäller im Wald von Gâtine, in: Französische Dichtung, hrsg. von Friedhelm Kemp und Werner von Koppenfels, Erster Band, München 1990, S. 183

10 Französische Dichtung, hrsg. von Friedhelm Kemp und Werner von Koppenfels, Erster Band, München 1990, Kommentar S. 525

11 Pierre de Ronsard, Contre les Bûcherons de la Forêt de Gâtine, Kommentar S. 525

12 Friedrich von Schiller, Sämtliche Werke, Erster Band, Gedichte der dritten Periode, Stuttgart und Tübingen 1822, S. 55

13 Platon, Spätdialoge 2, übertragen von Rudolf Rufener, Zürich 1974, S. 314, 111d

Die Glaubensgemeinschaft der Ökonomen (S. 47–64)

1 Vgl. Gebhard Kirchgässner, Homo oeconomicus, Tübingen 1992, S. 12 ff.

2 Bernd Biervert, Menschenbilder in der ökonomischen Theoriebildung, theoretisch-genetische Grundzüge, in: Bernd Biervert, Martin Held (Hrsg.), Das Menschenbild in der ökonomischen Theorie – Zur Natur des Menschen, Frankfurt a.M. 1991, S. 47

3 Vgl. dazu Albert O. Hirschmann, Leidenschaften und Interessen – Politische Begründung des Kapitalismus vor seinem Sieg, Frankfurt a.M. 1980, S. 49

4 Bernd Biervert, Menschenbilder, S. 46

5 Milton Friedman, »The Social Responsibility of business is to increase its profits«, New York Times Magazine, 13.09.1970

6 Vgl. dazu Kurt Rothschild, Ethik und Wirtschaftstheorie, Tübingen 1992, S. 83ff. und Hans Christoph Binswanger, Jürg Minsch, Theoretische Grundlagen der Umwelt- und Ressourcenökono-

mie – Traditionelle und alternative Ansätze, in: Michael von Hauff, Uwe Schmid (Hrsg.), Ökonomie und Ökologie – Ansätze zu einer ökologisch verpflichteten Marktwirtschaft, Stuttgart 1992, S. 41–66

7 Adam Smith, Theorie der ethischen Gefühle, übersetzt und herausgegeben von Walter Eckstein, Marburg 1985, S. 316

8 Adam Smith, Theorie der ethischen Gefühle, S. 315f.

9 Vgl. dazu Max Pohlenz, Die Stoa. Geschichte einer Bewegung, Göttingen 1947

10 Vgl. zum Deismus und dessen Verhältnis zur Stoa: Martin Büscher, Gott und Markt – religionsgeschichtliche Wurzeln Adam Smiths und die »Unsichtbare Hand« in der säkularisierten Industriegesellschaft, in: Arnold Meyer-Faje/Peter Ulrich (Hrsg.), Der andere Adam Smith, Bern/Stuttgart 1991, S. 123–144.

11 Epiktet, Teles und Musonius, übersetzt und eingeleitet von W. Lagelle, Zürich 1948, S. 123f. – Epiktet gründet auf der Philosophie von Panaitios (185–109 n. Ch.), der die mittlere Stoa vertritt. Seine Ideen wurden von Cicero (106–43 v. Ch.) überliefert, der sich ihnen im wesentlichen anschließt. Panaitios hatte im Streit zwischen den Gracchen und den Scipionen um die von den Gracchen inszenierte große Agrarreform Partei für die Scipionen ergriffen, die sich gegen eine Umverteilung zugunsten der Kleinbauern wandten, also die Interessen der Großgrundbesitzer vertraten. Indem Adam Smith im oben zitierten Passus über die Wirksamkeit der »unsichtbaren Hand« indirekt für die Beibehaltung der gegebenen Grundbesitzverteilung plädiert, schließt er sich auch in dieser Hinsicht der stoischen Tradition an. Vgl. zur Entwicklung des Eigentumrechts in Rom: Candida ten Brink, Die Begründung der Marktwirtschaft in der Römischen Republik, Diss. St. Gallen, 1994, S. 82ff.

12 Adam Smith, Theorie der ethischen Gefühle, S. 47ff., Auszeichnung vom Verfasser

13 Ähnlich wie Adam Smith sieht Kant in der »Begierde zum Haben« das Walten eines »weisen Schöpfers« bzw. der »Natur« (des Logos). Dies kommt im folgenden Text deutlich zum Ausdruck:
»Dank sei also der Natur für die Unvertragsamkeit, für die mißgünstig wetteifernde Eitelkeit, für die nicht zu befriedigende Begierde zum Haben oder auch zum Herrschen! Ohne sie würden alle vortrefflichen Naturanlagen in der Menschheit ewig unentwickelt schlummern ... Die natürlichen Triebfedern dazu, die Quellen der Ungeselligkeit und des durchgängigen Widerstandes,

woraus so viele Übel entspringen, die aber doch auch wieder zur neuen Anspannung der Kräfte, mithin zu mehrerer Entwicklung der Naturanlagen antreiben, verrathen also wohl die Anordnung eines weisen Schöpfers; und nicht etwa die Hand eines bösartigen Geistes, der in seine herrliche Anstalt gepfuscht oder sie in neidischer Weise verderbt habe« (Immanuel Kant, Abhandlungen nach 1781, Akademie Ausgabe Bd., VIII, Berlin 1968, S. 21 f.)

14 Erhart Kästner, Der Aufstand der Dinge, Frankfurt a. Main, 1973, S. 248

15 Wie sehr man die Antwort des Mephistopheles auf die »Kern«-Frage nach seinem Wesen mißverstehen kann, wenn man den Kontext nicht beachtet, in dem sie steht, zeigt sich an der Interpretation der Mephisto-Worte durch Michael Baigent und Richard Leigh. Sie schreiben in ihrem Buch »Verschlußsache Magie«, o. O. 1997: »In Goethes Faust stellt Mephisto sich mit wehmütiger Selbstironie als das Prinzip vor, ›daß stets das Böse will, und stets das Gute schafft‹, indem es seine vorbestimmte Rolle im moralischen und kosmischen Drama der Wirklichkeit spielt.« (S. 48). Mephistopheles soll sich also bei seinem ersten Auftritt, gerade als er sich anschickt, Faust auf seinen Weg zu führen, also seinen Weltplan zu verwirklichen, »wehmütiger Selbstironie« ergeben, d.h. seinen Plan selber schon von vornherein zum Scheitern verurteilt sehen? Nein, die Ironie des Mephistopheles bezieht sich nicht auf ihn selbst, sondern auf den Glauben der Stoa an die Macht der All-Vernunft bzw. die Allmacht der Vernunft! Dies wird am Schluß des Faust-Dramas sehr deutlich.

16 Goethes Werke, herausgegeben und eingeleitet von K. Heinemann, Leipzig/Wien, o.J. (1905), Wilhelm Meisters Wanderjahre, Drittes Buch, 12. Kap., Auszeichnung durch den Verfasser

17 Goethes Werke, Wilhelm Meisters Wanderjahre, Erstes Buch, 6. Kap.

18 Goethes Werke, Wilhelm Meisters Wanderjahre, Erstes Buch, 6. Kap.

19 In diesem Zusammenhang wird oft hervorgehoben, daß Adam Smith auch weitergehende ethische Anforderungen an den Menschen stellt. Durch seine Imaginationskraft hat er die Möglichkeit, sich eine Vorstellung von den Empfindungen des Mitmenschen zu machen (Empathie) und als »unparteiischer Zuschauer« auch sich selbst kritisch zu betrachten. Aber Adam Smith zieht daraus doch nur, ganz im Sinne der stoischen Tradition, die Schlußfolgerung, man dürfe die »ehrlichen Spielregeln« nicht verletzen, also z.B.

andere nicht niederrennen. Es ist aber kaum davon die Rede, daß es auch darum gehe, anderen zu helfen, wenn sie am Boden liegen! Die stoische Wurzel der Ethik von Adam Smith zeigt sich deutlich, wenn man den Text von Adam Smith, der sich auf das Verbot unlauteren Wettbewerbs bezieht, mit einem von Cicero zitierten Text von Chrysippos (um 281–208 v. Ch.), der zur älteren stoischen Schule gehört, vergleicht. Adam Smith schreibt: »In dem Wettlauf nach Reichtum, Ehre und Avancement, da mag jeder rennen, so schnell er kann und jeden Nerv und jeden Muskel anspannen, um alle seine Wettbewerber zu überholen. Sollte er aber einen von ihnen niederrennen oder zu Boden werfen, dann wäre es mit der Nachsicht der Zuschauer ganz und gar zu Ende. Das wäre eine Verletzung der ehrlichen Spielregeln, die sie nicht zulassen könnten«. (Adam Smith, Theorie der ethischen Gefühle, S. 124). Die parallele Stelle bei Cicero heißt: »Gescheit wie so oft sagt Chrysippos: ›Wer über ein Stadion ein Rennen läuft, der muß mit ganzem Einsatz kämpfen, damit er siegt, ein Bein aber seinem Gegner stellen oder ihn anrempeln darf er auf keinen Fall; ebenso ist es nicht unbillig, im Leben jeweils das für sich zu erstreben, was zu [eigenem] Nutzen beiträgt, es dem Nächsten zu entreißen ist gegen das Recht« (Marcus Tullius Cicero, De officiis/Vom pflichtgemäßen Handeln, hrsg. von Heinz Guntermann, Stuttgart 1992, S. 257). Der Text von Adam Smith ist eine fast wörtliche Wiederholung des Chrysippos-Textes mit der einzigen Ausnahme, daß Adam Smith noch eine zusätzliche Instanz für die Ablehnung des unlauteren Wettbewerbs einführt: den (englischen) Gentleman, dem jedes Spiel, das nicht als »fair play« gespielt wird, zuwider ist. Das heißt aber im Grunde nichts anderes, als daß der (englische) Gentleman selbst eine stoische Figur ist. Vgl. zum Verhältnis von Adam Smith und Cicero bzw. Stoa auch Torsten Kopp, Die Entdeckung der Nationalökonomie in der schottischen Aufklärung, Diss. St. Gallen, 1995, S. 272ff.

20 Vgl. dazu die stärker die Ethik bei Adam Smith betonende Abhandlung von Peter Ulrich, Der kritische Adam Smith – im Spannungsfeld zwischen sittlichem Gefühl und ethischer Vernunft, in: Arnold Meyer-Faje, Peter Ulrich (Hrsg.), Der andere Adam Smith, Bern/Stuttgart 1951, S. 145ff., sowie weitere Aufsätze in diesem Band.

21 Adam Smith, Der Wohlstand der Nationen. Eine Untersuchung seiner Natur und seiner Ursachen, übersetzt und herausgegeben von Horst Claus Recktenwald, 5. Auflage, München 1990, viertes Buch, zweites Kapitel, S.370/371

22 Wenn Adam Smith davon spricht, daß es auch darum geht, die heimische Erwerbstätigkeit selber so zu leiten, daß ihr Erzeugnis den größten Wert erhält, so mag damit auch gemeint sein, daß, wie es die Physiokraten propagierten, die Investitionen in der einheimischen Landwirtschaft bevorzugt werden, die gemäß ihrer Auffassung allein produktiv ist. Diese Auffassung findet sich bei Heinz-Dieter Kittsteiner, Ethik und Teleologie, S. 61. Der Vorbehalt gegenüber der Adam Smithschen Argumentation bleibt der gleiche.

Chancen und Gefahren der modernen Wirtschaft im Spiegel von Goethes Dichtung (S. 65–90)

1 Wilhelm Roscher kommt in seiner Geschichte der National-Ökonomik in Deutschland (München 1874) ausführlich auf Goethe zu sprechen. Es heißt über ihn: »Von Goethe steht es nunmehr wohl fest, daß seine praktisch volkswirtschaftliche Thätigkeit (zumal als weimarischer Kammerpräsident 1782–86) eine ebenso eifrige als geschickte war und, wie alle seine größeren Lebensphasen, im besten Einklange mit seiner dichterischen Entwicklung« (S. 477). Seither haben sich eine Reihe von Ökonomen mit einzelnen wirtschaftlichen Aspekten des Goetheschen Werks befaßt, meist allerdings nur »im Vorübergehen«. Eine umfassende Darstellung der von Goethe verarbeiteten ökonomischen Schriften und Angaben über deren Niederschlag in Goethes Werk, sowie eine Übersicht über bisherige Interpretationsversuche finden sich in der Dissertation von Bernd Mahl über Goethes ökonomisches Wissen, Frankfurt a. M./Bern 1982.

2 Zum wirtschaftlichen Gehalt der beiden Werke haben sich insbesondere geäußert:
- Zu Wilhelm Meisters Wanderjahre: Anneliese Klingenberg: Zur ökonomischen Theorie Goethes in den Wanderjahren, und Pierre-Paul Sagave: L'économie et l'homme dans les Années de voyage de Wilhelm Meister, und Les années de voyage de Wilhelm Meister et la critique socialiste (1830–1848).
- Zu Faust II: Hans Christoph Binswanger, Geld und Magie – Deutung und Kritik der modernen Wirtschaft anhand von Goethes Faust, und Heinz Schaffer, Faust zweiter Teil – die Allegorie des 19. Jahrhunderts.

3 Vgl. dazu den Bericht von Anton Eduard Odyniec über ein Tisch-

gespräch mit Goethe am 25.8.1829: »Goethe meint, daß unser neunzehntes Jahrhundert nicht einfach die Fortsetzung des früheren sei, sondern zum Anfang einer neuen Ära bestimmt scheint (zitiert nach Heinz Schaffer, Faust zweiter Teil – Die Allegorie des 19. Jahrhunderts, Stuttgart 1981, S. 6).

4 Zitiert nach Heinz Schaffer, Faust, S. 15

5 Zitiert nach Heinz Schaffer, Faust, S. 16

6 Zitiert nach Heinz Schaffer, Faust, S. 15

7 Die Schrift von Thornton wurde 1803 von Jakob ins Deutsche übersetzt. 1804 wurde das Buch von Sartorius in der Jenaischen Allgemeinen Zeitung besprochen; die Rezension wurde von Goethe mehrfach überarbeitet. Der Text der Rezension ist abgedruckt in: Bernd Mahl, Goethes ökonomisches Wissen, S. 525ff.

8 Weitere Ausführungen zum Notengeldexperiment finden sich in: Hans Christoph Binswanger, Geld und Magie, S. 24ff. und S. 50ff.

9 Vgl. dazu Hans Segeberg, Die »ganz unberechenbaren Resultate« der Technik, in: Der Deutschunterricht, Jg. 39, Heft 4,1987, S. 20.

10 Wilhelm Roscher, Geschichte der National-Oekonomik in Deutschland, S. 501

11 Justus Möser, Sämtliche Werke, Oldenburg 1943, S. 270. Vgl. dazu auch Bernd Mahl, Goethes ökonomisches Wissen, S. 264f.

12 Hans Segeberg, Technik, S. 21

13 Hans Segeberg, Technik, S. 21

14 Hans Segeberg, Technik, S. 21

15 Wesentliche Kenntnis über Adam Smith's Werk konnte sich Goethe auch erwerben in den Schriften der deutschen Ökonomen Georg von Buquoy, Johann Georg Büsch, Gottlieb Hufeland und Ludwig Heinrich Jakob, deren Schriften sich in Goethes Bibliothek fanden. Vgl. dazu Bernd Mahl, Goethes ökonomisches Wissen, S. 353.

16 Johann Peter Eckermann, Gespräche mit Goethe, Insel Taschenbuch, 2 Bände, o.J., o.O, 2. Band, S. 664

17 Johann Peter Eckermann, Gespräche mit Goethe, 1. Band, S. 539

18 Adam Smith, Der Wohlstand der Nationen. Eine Untersuchung seiner Natur und seiner Ursachen (1776), übersetzt und herausgegeben von Horst Claus Recktenwald, München 1974, S. 371

19 Georg Sartorius, Abhandlungen, die Elemente des Nationalreichtums und die Staatswissenschaft betreffend, Göttingen 1806, S. 211f.

20 Georg Sartorius, Abhandlungen, S. 218

21 Einleitung des Herausgebers zu »Wilhelm Meisters Wanderjahre«, in: Goethes Werke, herausgegeben und eingeleitet von K. Heinemann, Leipzig/Wien, o.J. (1905), 11. Band, S. 9

Chinesische Ökonomik (S. 91–106)

1 Anthony Christie, Chinesische Mythologie, Wiesbaden 1968, S. 36
2 Anthony Christie, Chinesische Mythologie, S. 36
3 Joseph Needham stellt in seinem einschlägigen Werk »Wissenschaft und Zivilisation in China« (S. 349) fest: »Wären [die Legalisten] erfolgreich gewesen, so hätten sie … ein abstraktes System menschlicher Beziehungen schaffen können, das dem großen Gebäude des Römischen Reichs ähnlich gesehen hätte.«
4 Hu Jichuang, A Concise History of Chinese Economic Thought, Foreign Languages Press, Peking 1988, Übersetzungen des Verfassers, S. 198
5 Hu Jichuang, A Concise History, S. 202
6 Hu Jichuang, A Concise History, S. 203
7 Hu Jichuang, A Concise History, S. 101
8 Hu Jichuang, A Concise History, S. 102
9 Hu Jichuang, A Concise History, S. 108
10 Hu Jichuang, A Concise History, S. 145
11 Gebhard Kirchgässner, Homo oeconomicus, Tübingen 1991
12 Hu Jichuang, A Concise History, S. 58
13 Plato, Der Staat, Zweites Buch, übersetzt von Rudolf Rufener, Zürich 1974, 416 d
14 Thomas Morus, Utopia, übersetzt von Alfred Hartmann, Basel 1948, S. 78
15 Hu Jichuang, A Concise History, S. 213
16 Zitat aus: Patricia Ebrey Bucley, China, Frankfurt a.M. 1996, S. 48

Wo Geldwirtschaft entsteht, verändert sich der Mensch – Ein Beispiel aus Sibirien (S. 107–118)

1 Neue Zürcher Zeitung, 11./12. März 1989
2 Günther Nenning, »Klassenbewußter Romantiker«, in: Weltwoche, 9. März 1989

Literatur

Biervert, Bernd; Held, Martin (Hrsg.): Das Menschenbild in der ökonomischen Theorie – Zur Natur des Menschen, Frankfurt a.M. 1991

Binswanger, Hans Christoph: Geld und Magie. Deutung und Kritik der modernen Wirtschaft anhand von Goethes »Faust«, Stuttgart 1985.

Binswanger, Hans Christoph; Minsch, Jürg: Theoretische Grundlagen der Umwelt- und Ressourcenökonomie – Traditionelle und alternative Ansätze, in: M. von Hauff/U. Schmid, Ökonomie und Ökologie – Ansätze zu einer ökologisch verpflichteten Marktwirtschaft, Stuttgart 1992, S. 41–66

ten Brink, Candida: Die Begründung der Marktwirtschaft in der Römischen Republik, Diss. St. Gallen 1994

Bucley Ebrey, Patricia: China, Frankfurt a.M. 1996

Capelle, Wilhelm: Die Vorsokratiker, Stuttgart 1968

Christie, Anthony: Chinesische Mythologie, Wiesbaden 1968

Cicero, Marcus Tullius: De officiis/Vom pflichtgemäßen Handeln, hrsg. von Heinz Guntermann, Stuttgart 1992

Dopfer, Kurt: Ideas as Determinants of Economic Development: East Asian Concepts of the »Proper Way«, in: Standpunkte zwischen Theorie und Praxis, Festschrift für Hans Schmid, hrsg. von Andreas Brandenberg, Bern 1995, S. 137–156

Eckermann, Johann Peter: Gespräche mit Goethe, Insel Taschenbuch 500, 2 Bände, o.J., o.O.

Eptiket: Teles und Musonius; übersetzt und eingeleitet von W. Lagelle, Zürich 1948

Französische Dichtung: hrsg. von Friedhelm Kemp und Werner von Koppenfels, Erster Band, München 1990

Friedman, Milton: »The Social Responsibility of business is to increase its profits«, New York Times Magazine, 13. September 1970

Goethes Werke; herausgegeben und eingeleitet von K. Heinemann, Leipzig/Wien, o. J. (1905)

von Hauff, Michael; Schmid, Uwe (Hrsg.): Ökonomie und Ökologie – Ansätze zu einer ökologisch verpflichteten Marktwirtschaft, Stuttgart 1992

Hirsch, Fred: Die sozialen Grenzen des Wachstums, Reinbek 1980

Hirschmann, Albert O.: Leidenschaften und Interessen – Politische Begründung des Kapitalismus vor seinem Sieg, Frankfurt a.M. 1980

Hu Jichuang: A Concise History of Chinese Economic Thought, Foreign Languages Press, Peking 1988, Übersetzungen der Zitate durch den Verfasser

Kallimachos (Callimaque): Texte établi et traduit par Emile Cahen, griechisch und französisch, Collection des Universités de France, Société d'Edition »Les Belles Lettres«, 3. Aufl., Paris 1948, S. 305–315. Der Erysichthon-Text wurde für dieses Buch aus dem Griechischen ins Deutsche übersetzt von Urs Wyss.

Kant, Immanuel: Abhandlungen nach 1781, Akademie Ausgabe Bd., VIII., Berlin 1968

Kästner, Erhart; Der Aufstand der Dinge, Frankfurt a.M. 1973

Keynes, John Maynard: Economic Possibilities for our grandchildren, in: derselbe, Collected Writings, Bd. 9, London-Basingstoke, 1997, S. 321–332

Kirchgässner, Gebhard: Homo oeconomicus, Tübingen 1991

Kittsteiner, Heinz-Dieter: Ethik und Teleologie: Das Problem der »unsichtbaren Hand« bei Adam Smith, in: Franz-Xaver Kaufmann, Hans-Günter Krüsselberg, Markt, Staat und Solidarität bei Adam Smith, Frankfurt a.M., New York 1984, S. 41–73

Klingenberg, Anneliese: Zur ökonomischen Theorie Goethes in den Wanderjahren, Neue Folge des Jahrbuches der Goethe-Gesellschaft Nr. 32, 1970.

Kopp, Thorsten: Die Entdeckung der Nationalökonomie in der schottischen Aufklärung, Diss. St. Gallen, 1995

Mahl, Bernd: Goethes ökonomisches Wissen, Frankfurt a.M./Bern 1982

Marx, Karl: Das Kapital, Erster Band, Berlin 1972

Métamorphoses d'Ovide; traduites en françois par M. L'Abbé Banier, Zweiter Band, Paris 1757

Meyer-Faje, Arnold; Ulrich, Peter (Hrsg.): Der andere Adam Smith, Bern/Stuttgart 1991

Möser, Justus: Sämtliche Werke, Oldenburg 1943.

Morus, Thomas: Utopia, übersetzt von Alfred Hartmann, Basel 1948

Needham, Joseph: Wissenschaft und Zivilisation in China, Frankfurt a.M. 1984

Nenning, Günther: »Klassenbewußter Romantiker«, in: Weltwoche, 9. März 1989

Neue Zürcher Zeitung: 11./12. März 1989

Plato: Der Staat, Zweites Buch, übersetzt von Rudolf Rufener, Zürich 1974

Platon: Spätdialoge 2, übertragen von Rudolf Rufener, Zürich 1974

Pohlenz, Max: Die Stoa. Geschichte einer Bewegung, Göttingen 1947

Publius Ovidius Naso: Metamorphosen, übertragen von Erich Rösch, Darmstadt 1977

Ronsard, Pierre de: Contre les Bûcherons de la Forêt de Gâtine, Übersetzung von Hanno Helbling, Gegen die Holzfäller im Wald von Gâtine, in: Französische Dichtung, hrsg. von Friedhelm Kemp und Werner von Koppenfels, Erster Band, München 1990

Roscher, Wilhelm: Geschichte der National-Oekonomik in Deutschland, München 1874

Rothschild, Kurt: Ethik und Wirtschaftstheorie, Tübingen 1992

Sagave, Pierre-Paul: L'économie et l'homme dans les Années de voyage de Wilhelm Meister, Etudes germaniques, 8, 1953

Sagave, Pierre-Paul: Les années de voyage de Wilhelm Meister et la critique socialiste (1830–1848), Etudes germaniques, 8, 1957

Sartorius, Georg: Von den Elementen des National-Reichthums und von der Staatswirtschaft nach Adam Smith, Göttingen 1806

Sartorius, Georg: Abhandlungen, die Elemente des Nationalreichtums und die Staatswissenschaft betreffend, Göttingen 1806

Schaffer, Heinz: Faust zweiter Teil – Die Allegorie des 19. Jahrhunderts, Stuttgart 1981

Schiller, Friedrich von: Sämtliche Werke, Erster Band, Stuttgart und Tübingen 1822

Segeberg, Hans: Die »ganz unberechenbaren Resultate« der Technik, in: Der Deutschunterricht, Jg. 39, Heft 4, 1987

Smith, Adam: Der Wohlstand der Nationen. Eine Untersuchung seiner Natur und seiner Ursachen (1776), übersetzt und herausgegeben von Horst Claus Recktenwald, München 1974

Smith, Adam: Theorie der ethischen Gefühle (1770), übersetzt und herausgegeben von Walther Eckstein, Marburg 1985

Thornton, Henry: An Enquiry into the Nature and the Effects of the Paper Credit of Great Britain (1802), mit einer Einleitung herausgegeben von F.A. Hayek, New York 1939

Walras, Léon: Eléments d'économie politique pure ou théorie de la richesse sociale, 4. Auflage, Lausanne und Paris, 1900

Nachweise

Der Frevel Erysichthons als Ursprung der ökologischen Krise:
Der Frevel des Erysichthon als Ursprung der ökologischen Krise, in: Konturen – das Magazin zur Zeit, Wien, Nr. 10, IV/94, S. 33–44
Der Beitrag wurde für das vorliegende Buch überarbeitet.

Die Glaubensgemeinschaft der Ökonomen:
Das Menschenbild der herkömmlichen Nationalökonomie, in: Hartmut Wehrt, (Hrsg.), Humanökologie – Beiträge zum ganzheitlichen Verständnis unserer geschichtlichen Lebenswelt, Birkhäuser Verlag, Basel 1996, S. 48–64
Der Beitrag wurde für das vorliegende Buch überarbeitet.

Chancen und Gefahren der modernen Wirtschaft im Spiegel von Goethes Dichtung:
Goethe als Ökonom. Chancen und Gefahren, in: Bertram Schefold, (Hrsg.), Studien zur Entwicklung der ökonomischen Theorie XI., Duncker & Humblot, Berlin 1992, S. 109–131
Der Beitrag wurde für das vorliegende Buch überarbeitet.

Chinesische Ökonomik: Fünf ordnungspolitische Denkrichtungen in der chinesischen Tradition:
Chinesische Ökonomik. Fünf ordnungspolitische Denkrichtungen in der chinesischen Ökonomik und ihre europäischen Parallelen, in: Forschungsgemeinschaft für Nationalökonomie, (Hrsg.), Walter Adolf Jöhr-Vorlesung 1997, St. Gallen, Juni 1997
Der Beitrag wurde für das vorliegende Buch überarbeitet.

Wo Geldwirtschaft entsteht, verändert sich der Mensch – Ein Beispiel aus Sibirien:
Wo Geldwirtschaft entsteht, verändert sich der Mensch – Ein Beispiel aus Sibirien, in: Hans Christoph Binswanger, Geld und Natur. Das wirtschaftliche Spannungsfeld zwischen Ökonomie und Ökologie, Edition Weitbrecht, Stuttgart 1991. S. 13–23
Der Beitrag wurde für das vorliegende Buch überarbeitet.

Ross Gelbspan

DER KLIMA-GAU
Erdöl, Macht und Politik

Aus dem Amerikanischen von
Klaus Sticker
256 Seiten. Gebunden
ISBN 3-932425-05-7

»Mit Hilfe der leichtgläubigen Medien hat die Treibhauslobby das Ziel erreicht, die Berichte über die ›globale Erwärmung als realitätsfern erscheinen zu lassen‹. Das ist noch nie so umfassend dargestellt und die Folgen für das Wohlergehen der Menschen sind noch nirgends so eingehend untersucht worden wie in dem Buch des Journalisten und Pulitzer-Preisträgers Ross Gelbspan.«

Mark Hertsgaard,
The New York Times Book Review

Paul Bate

Cultural Change
Strategien zur Änderung der
Unternehmenskultur

Aus dem Englischen von
Gerhard Beckmann
368 Seiten. Gebunden
ISBN 3-932425-03-0

Die exzellent geschriebene Studie zeichnet sich vor allem durch differenzierte praxisbezogene Ratschläge aus und vermeidet das in der Managementliteratur geläufige Vorgehen nach der »KISS«-Methode: keep it simple, stupid.